图说海洋

武鹏程◎主编

世界上最神奇的
100种极地生物

U0202192

海洋出版社

北　京

图书在版编目(CIP)数据

地球上最神奇的100种极地生物/武鹏程主编. —北京：海洋出版社，2019.4

（图说海洋）

ISBN 978-7-5210-0325-3

Ⅰ.①世… Ⅱ.①武… Ⅲ.①极地－动物－普及读物 ②极地－植物－普及读物

Ⅳ.①Q95-49②Q94-49

中国版本图书馆CIP数据核字（2019）第038000号

图说海洋

世界上最神奇的
100种极地生物

总 策 划：刘　斌		发 行 部：(010) 62174379 (传真)　(010) 62132549	
责任编辑：刘　斌		(010) 68038093 (邮购)　(010) 62100077	
责任印制：赵麟苏		网　　　址：www.oceanpress.com.cn	
排　　　版：海洋计算机图书输出中心　申彪		承　　　印：北京朝阳印刷厂有限责任公司	
出版发行：海洋出版社		版　　　次：2021年2月第1版第2次印刷	
		开　　　本：787mm×1092mm　　1/16	
地　　　址：北京市海淀区大慧寺路8号 (716房间)		印　　　张：12.25	
100081		字　　　数：294千字	
经　　　销：新华书店		定　　　价：49.00元	
技术支持：(010) 62100055			

前　言

　　地球上的热带和温带地区，植物繁茂、动物多样；但是到了南北极地区，不仅生物的种类大大减少，生物的数量和寿命也有缩减。可见，生命对于气温的变化异常敏感，尤其是在极度寒冷的南北极，生物的生存受到严重威胁。但是生命的伟大正在于此，在经过自然界的优胜劣汰之后，能够在极地存活的生物都是生命的强者。极地生物之所以能够在严酷的自然环境中得以幸存，都有它们特殊的本领和过人之处。

　　南极严酷的自然条件极大地限制了陆地动植物的生存，但是南大洋却是一个生机盎然的世界，这里无论是海洋生物的种类还是数量都非常可观。南极磷虾作为生物底端的存在，将鲸、海豹、鱼类和海鸟等生物养活，各种生物彼此之间形成了一个南极独特的生物链。

　　与南极一样，北极地区也覆盖了茫茫白雪，除此之外，在其周围是亚洲、欧洲和北美洲北部的永久冻土区，正是这片区域丰富了北极地区的生物。北极地区的生物以靠近陆地为最多，越深入北冰洋则越少，海洋中有鲸类、海象、海豹、鲱鱼、鳕鱼等，苔原上有雪兔、北极狐、北极狼、驯鹿以及各种极地植物、极地昆虫等。

　　南北极是生命的考场，胜利者们用它们的特有方式诉说着与自然界博弈的过程和时间的烙印，展现它们与自然之间既抗争又和谐相处的能力。极地生物到底有着怎样的生命密码，才成就了它们在冰雪之下的伟大？

　　本书由武鹏程任主编，参与编写的成员有：赵海风、李志飞、徐卫国、赵红洁、杨树洪、孙源龙、宋林林、李进军、王惠明、孙晋华、魏铭志、李国强、李俊伟、郭琪雅、郑亚齐、彭飞、孙晓权、孙涛、李军荣、杨耀、赵兴平、郑亭亭、武寅。

▌目 录

Chapter 1
极地海洋生物

目　录

Chapter 2
极地陆地动物

Chapter 3
极地鸟类

Chapter 4

极地昆虫

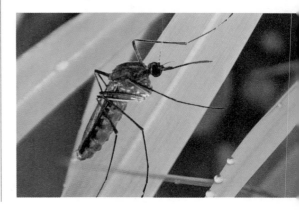

Chapter 5

极地植物

Chapter 1
极地海洋生物

Polar Marine Organisms

南极磷虾

丰 / 富 / 的 / 食 / 品 / 库

　　南极磷虾生活在水深 50 米以内的南极海洋中，围绕着极地分布，资源储量非常丰富，是全球海洋中最大的单种可捕生物资源，是人类重要的蛋白质来源。

在南冰洋的海洋体系中，有着南极典型的绕极流，表层海洋会围绕着南极洲向东流动，在极流间会形成巨大的漩涡，而南极磷虾便聚集在这片有漩涡的海域，如威德尔海。

不同寻常的长相

　　南极磷虾又被称为南极大磷虾、晶磷虾、冷磷虾等。成年的南极磷虾可以长到 6 厘米长，2 克重，有 6 年的寿命。

　　南极磷虾的外形与人们日常所吃的虾非常相似，但仔细看又有很大的区别。人们常见的虾多数有十足，故属于十足目科；而南极磷虾是海洋浮游高等甲壳动物，隶属于甲壳纲、软甲亚纲、真虾部、磷虾目，最典型的特点是：状足鳃、发光器，胸肢没有分化，都为双肢形。

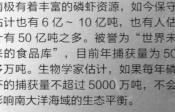

❧ [南极磷虾群]

南极有着丰富的磷虾资源，如今保守估计也有 6 亿 ~ 10 亿吨，也有人估计有 50 亿吨之多。被誉为"世界未来的食品库"，目前年捕获量为 50 多万吨。生物学家估计，如果每年磷虾的捕获量不超过 5000 万吨，不会影响南大洋海域的生态平衡。

奇妙的成长

南极磷虾这个大族群遍布整个南极海域，并在此繁衍下一代。成熟的南极磷虾中雄虾的个体比雌虾略大一些，雄虾完成交配后便死去，雌虾会在产卵后不久死去。

雌虾在每年的 11—12 月产卵，一只雌虾能够产出 1.1 万多个卵。南极磷虾会将卵排到水里，这些卵会在下沉过程中孵化，一直沉到数百米，甚至 2000 米之下，才能孵出幼体；在幼体的发育过程中，会不断上浮，当幼体发育为小虾时，它就来到了海水表层，然后就跟随族群正常觅食、生长。这些小生命需要长达 2 年的时间才能真正地成熟。

❋ [南极磷虾]

南极磷虾是一种浮游生物，它们的身体有足腮。南极磷虾的数量相当可观，并且没有任何自卫能力，因而成为许多生物的饵料。

❋ 南极磷虾的营养越来越在世界范围内被认可，但是磷虾体内含有大量活性酶，打捞上来的磷虾不到两小时肉质就会变软，甲壳发黑，因此，一般都要就地加工成稳定状的食品再运往他处。目前已有 20 多个国家正在加紧研究磷虾食品，南极磷虾资源具有巨大的商业开发价值。

❋ 南极磷虾的体内含有极其丰富的蛋白质，可以直接向人类提供大量的动物蛋白。南极洲因此被人们称为"世界蛋白质仓库"。澳大利亚和阿根廷的科学家估计，每年捕捞7000 万吨南极磷虾，就能向世界人口的 1/3 提供基本蛋白质。

南极生态系统中的关键物种

南极磷虾以集群方式活动，有时成群的南极磷虾的密度能够达到每立方米1万～3万只。在白天，这种密集的虾群使海面呈现一种铁锈的颜色；而在夜晚，这样的虾群能够在黑幕般的大海中呈现强烈的磷光。

南极磷虾的主要食物来源是被南冰洋上绕极流搅动的浮游植物，同时南极磷虾也是南极生态系统中的关键物种，它是鲸、豹形海豹、海狗、食蟹海豹、鱿鱼、冰鱼、企鹅、信天翁及其他鸟类的重要食物来源。

世界蛋白质仓库

南极磷虾的蛋白质含量高达50% 以上，每10只磷虾所含的蛋白质量可以与200克烤肉的营养价值相当。不仅如此，南极磷

❧ [**南极磷虾**]

南极磷虾体内含有的 95% 色素都以虾青素的形式存在，天然虾青素是世界上最强的天然抗氧化剂，其抗氧化效果被确认是维生素 C 的 6000 倍、维生素 E 的 1000 倍、辅酶 Q10 的 800 倍、纳豆的 720 倍，所以被广泛用于超强抗氧化剂的提取物。

虾还富含人体组织所需的氨基酸和维生素 A。南极磷虾没有普通虾种的外壳，却有着细嫩美味的肉质，因而成为世界捕鱼业的捕捞对象。由于南极洲拥有丰富的南极磷虾资源，也因此被称为"世界蛋白质仓库"。

❧ [**南极磷虾鱼饵**]
南极磷虾味道鲜美，是钓鱼爱好者喜欢的饵料。

南极巨虫

深 / 海 / 蛔 / 虫

南极巨虫是近年来新发现的生物，其怪异的外形、庞大的身躯吸引了许多关注的目光。

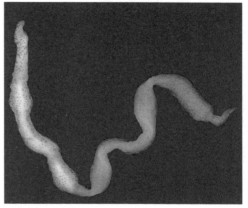
❥ [南极巨虫]

目前所发现的南极巨虫体长最长纪录为 55 米，科学家们也只在南极洲厚厚的冰层下发现它们的踪迹，还不确定随着地球的逐渐变暖，这种生物能否在常温的海水中生存。

南极巨虫属于纽形动物门，喜欢捕食动物腐烂的尸体，外形与蛔虫差不多，又叫丝带虫，拥有庞大的体型，体长可达 3 米，最长纪录为 55 米。

南极巨虫利用从口腔射出的长长的鼻状物捕食，有些南极巨虫的鼻状物可能有毒，或者可以分泌黏性液体。南极巨虫的寿命也非常长，它们的平均寿命一般可以达到 40 年左右。

南极巨虫的发现

最早发现南极巨虫的是 BBC 纪录片《生命》的摄影队，他们凿开南极麦克默多海峡厚厚的冰层，通过高科技相机深入海底，拍摄到了一个非常壮观的画面：一群海洋生物在猎食沉入海底的死海豹……

在南极麦克默多海峡冰冷的海水里，出现一只死海豹，这是非常罕见的现象。

这么大的天赐美食，自然会吸引来许多享用者，除了大量五颜六色的海星，视频还拍到了一群长长的巨虫，其中最长的一条达 3 米。它们贪婪地利用鼻状物在海豹尸体上钻洞，并钻到海豹体内进食。

南极巨虫的问题不容忽视

这种虫子所呈现出的猎杀性，让科学家们非常震惊，他们认为全球气温持续升高将使得南极巨虫的生长加速，像南极巨虫这样的疯狂猎食者会给海洋生命带来威胁，甚至是灾难。因为它们不但会大量地消灭当地生物，还会引起一系列连锁反应，南极海底的统治者在未来或许将不再是原来的行动缓慢的软体无脊椎动物。

[樽海鞘]
樽海鞘对人类无害，一般生活在寒冷的海域并产生大量的热量，有些专家认为，成群的樽海鞘可能是全球变暖的原因之一。

樽海鞘 >>>
深/海/潜/伏/者

樽海鞘是一种类似海蜇的生物，它全身透明，以水中的浮游植物为食，常生活在寒冷海域，以南大洋居多。

 海鞘外形类似海蜇，体长约 1～10 厘米，单体或群体营漂浮生活，通过吸入、喷出海水来推动身体的移动。

这才是真正的隐藏

樽海鞘，身体因种类不同而有所差别，但都略成桶状且几乎完全透明，可通过被囊看到内部构造。它们这种透明的形态可以保护自己免受天敌伤害，应该是海里最好的伪装了。

可以逆行的血液

樽海鞘拥有脊索动物中独一无二的血液循环系统，专业上称之为"开管式循环系统"，更为神奇的是，它们的血流方向会每隔几分钟颠倒一次，这在自然界中绝对是独一无二的存在。

上下垂直运动

樽海鞘白天向海洋深处下潜很深，而夜里又向上浮至海面吃那些浮游生物，每天不厌其烦地来回做垂直运动。

非常奇特的繁殖方式

樽海鞘可进行同性繁殖，一个樽海鞘可以产生一系列雌雄同体克隆，并彼此相连。一些亚种的克隆链最长能达到 15 米。这种克隆链会断开，所有释放出来的个体都是雌性并含有一个卵子，上一代的雄性樽海鞘会对雌性受精，并产生一个胚胎，当胚胎在母体发育时，母体会继续与其他樽海鞘的卵子进行受精。最后胚胎破出并进一步发育产生另外的克隆链。

地球的清碳卫士

樽海鞘不断地在海水中浮游、觅食，并且产生排泄物。它们的排泄物能够快速沉降，最快每天沉降 1000 米。由于浮游植物大多是利用大气中的二氧化碳进行生长的，樽海鞘食用浮游植物的同时也吸收了其中的碳，当它们排泄粪便时，碳会沉降到海底，从而彻底将二氧化碳从碳循环中去除。

巨型海鳞虫

牙/齿/外/露/的/吃/货

巨型海鳞虫早在 1920 年就被发现了，因一张巨大的嘴巴、牙齿外露的造型、全身刚硬的鬃毛及来者不拒的贪吃特性而被人们熟知。

巨型海鳞虫多生活在南极洲的冰海中，尤其是险恶的海底裂缝、火山、地震带等海域，属于环节动物门的多毛纲生物科。即使在水下 1000 米深的高压无光环境下，它们也能顽强地生存。

长相奇特

巨型海鳞虫有着诡异的口部结构，喉咙内部长满了牙齿，全身布满刚硬的金色鬃毛，猛一看到常会被其"飘逸"的外形所吸引，甚至会产生美丽的错觉。

防御逃生

巨型海鳞虫的全身鬃毛可以帮助它们在海水中自如地游动、爬行或是防御逃生。这些刚硬的鬃毛使它们很难被掠食者吞食，不仅如此，这些鬃毛还具有毒性，可以麻痹敌人，助其逃生，甚至反杀敌人。

贪吃的特性

巨型海鳞虫需要进食时，咽喉会外翻而出甚至伸长 5 厘米左右，露出牙齿，它们会耐心等待路过牙齿边的猎物，或是直接盯上猎物悄悄靠近并撕咬猎物。巨型海鳞虫区别于海鳞虫，由于其生活环境的恶劣，无论是碎屑、腐肉，还是细菌，它们通通来者不拒，所以海鳞虫虽在世界各地的海域中都有存活，但体型较小，只有在南极的巨型海鳞虫体长可以达到 20.3 厘米。

❧ [南极美露鳕]

南极美露鳕 >>>>

鲸 / 鱼 / 美 / 食

南极美露鳕因体内流淌着抗冻蛋白质而成为一种不怕寒冷的鱼，以少骨和肉质白嫩、晶莹剔透而闻名。

极美露鳕的别名有"犬牙鱼""美露鳕""南极鳕鱼"等。南极美露鳕全身银灰色，表皮上带有黑褐色斑点。体型较胖，成年后身长一般在70厘米左右，也有一些会超过2米，体重可达113千克。

心脏每 6 秒才搏动一次

南极美露鳕的心脏每 6 秒才搏动一次，所以成长速度相对其他鱼类大为缓慢，到 13 ~ 17 岁成熟产卵，幼鱼在 150 ~ 400 米水深的海域生活栖息，成鱼

❀ 鳕鱼，尤其是深海鳕鱼，其体型庞大，目前已知的最大长度为 2 米，体重超过 110 千克，这样体型的鳕鱼皮肯定无法食用，所以越来越多的人将目光由传统的牛皮、羊皮等转移到鳕鱼皮上，经过实验证明，经过妥善处理后的鳕鱼皮往往比普通牛皮还要结实。因此，鳕鱼皮已经被用来制作鞋、钱包、表带、珠宝首饰、腰带、书籍装帧和照片拼贴等物品。或许将来的某一天，人们都会穿上用鳕鱼皮制成的鞋子呢。

则洄游到深度大于1000米的海域栖息。南极美露鳕的寿命可不短，可达 50 岁以上。

不会被冻住的南极美露鳕

南极美露鳕主要活动在南极比较寒冷的海域，甚至连南极极寒的罗斯冰架下面的水域中也有发现。它们厚厚的脂肪能抵御寒冷，但是真正可以帮助它们对抗寒冷的，是它们血液中的一种特殊化学物质，这种化学物质就如同汽车中的防冻液一样，不会因为寒冷而冻住，所以可以帮助南极美露鳕面对寒冷。科学家把南极美露鳕身体里流淌的这种化学物质叫做抗冻蛋白质。

凶残的家伙也有天敌

南极美露鳕是个凶残的家伙，它眼里只有食物，会捕食遇到的任何小型鱼类，不管什么物种，只要比它小，就敢上去一口吞下，有时连它们未成年的后代也会成为它们的美餐。

这么凶残的家伙，却是抹香鲸和象鼻海豹猎杀的首选目标。

南极美露鳕越来越稀少了

南极的海洋是地球上最后一块未受污染的纯净世界。在如此优异环境下生长的南极美露鳕，其鱼肉色白细润，味美。1996 年，第一艘新西兰的渔船进入罗斯海捕捞，南极美露鳕便开始被端上人类的餐桌，食客们对此佳肴赞不绝口。因此渔民们纷纷驾船进入南极大肆捕捞，使得此物种越来越稀少，即将成为濒临绝种的鱼类。

❀ [鳕鱼皮邮票]

对于人类来说，海洋鱼类最常见的就是食用，你想象不到用鱼皮来制作邮票吧？由雕刻大师马丁·莫克负责设计和雕刻的《鱼皮》邮票在法罗群岛诞生。右侧粘嵌的是一块经过加工后的鳕鱼皮，上面的"TORSK"是法罗语"鳕鱼"的意思。这枚邮票是世界上第一枚"鱼皮"邮票。

筐蛇尾

美/杜/莎/的/头/发

神话中美杜莎的每根头发都是一条蠕动的蛇，这是多么可怕的怪物，而在海洋中就生活着这样一种怪物，它就是筐蛇尾。

❧ [筐蛇尾]

筐蛇尾主要分布于北冰洋和大西洋北部地区的南法罗群岛和美国马萨诸塞州。它们生活在底质较硬的深水域，最常见的是在 15 ～ 150 米深的海底。科学家根据生物化石推算出最早的筐蛇尾见于泥盆纪。

狰狞的筐蛇尾

筐蛇尾属于蛇尾纲，身体中央盘有长颗粒的厚皮，没有鳞片，身体上有 5 条腕，腕上各分出两条小腕，而每条小腕上又长出很多分支。腕和分支常缠绕成团，看起来就像许多条蛇盘绕在一起。成年筐蛇尾体重可达 5 千克。由身体中央开始颜色比较深，越往分支颜色越浅。在腹部下方长满荆棘一样的小肉突起，呈钩状，可以用来控制和处理食物残渣。这副狰狞的样子被形容为美杜莎一点也不为过。

奇特的进食方式

筐蛇尾主要食腐肉和浮游生物，但有时也捕捉相当大的动物。它们在白天通常选择躲在水下的隙缝间、洞穴或岩石底下，偶尔在水下看到它们，会以为是一团死珊瑚；到了晚上，它们会慢慢舒展开，每个腕上的分支都会尽可能张开，形成篮子一样的网，就像渔民们撒下的网，捕捉经过的小生物。

自切部分腕足来换取生命

陆地上的壁虎在遇到紧急情况时，为了逃脱敌人的逮捕，就会断掉尾巴逃跑，但是以后它还可以长出新的尾巴。这种奇怪的现象，在筐蛇尾身上也时有发生。筐蛇尾也有很强的"自切"和再生能力，当筐蛇尾遇到天敌时，它就会通过"自切"

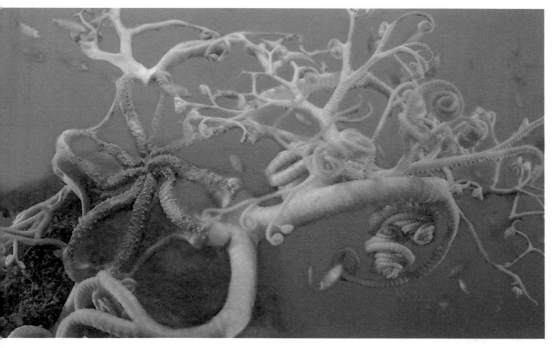

❧ [南极筐蛇尾]

上图这个长得像植物一样的生物，就是南极筐蛇尾，是一种海星亚门的棘皮动物，寿命可达 35 年。

迷惑敌人，凭借断掉部分腕足来换取整体的生存。而失掉的部分，不久又会重新再生出来，这种"自切"和再生是它们得以生存所必不可少的手段。

当筐蛇尾断了部分腕足的时候，它就会分泌出一种激素使失去的部分长出来，这种激素科学家一般叫成长素。人类的头发和指甲剪掉了还能再长，有些细胞也可以再生，有些则不可以，而筐蛇尾就属于全身含有再生性细胞，能通过激素刺激细胞活跃，再长出新的腕力足或者身体的大部分地方。除了前面说的壁虎，自然界中有再生能力的物种还有很多，比如蚯蚓等，身体断了，可以再长。

❧ 传说中波塞冬被美杜莎的美貌所吸引，在雅典娜的神庙里将她强奸了，这件事激怒了雅典娜。雅典娜无法惩罚波塞冬，于是便把美杜莎变成了可怕的蛇发女妖，让任何看到她眼睛的男人都会立即变成石头。因此美杜莎一词有"极度丑怪的女子"之含义。

❧ 筐蛇尾属于蛇尾纲，这种生物体盘与肢体区分明显，肢体具有非常强的再生能力，多栖息于深海。蛇尾纲的生物分布非常广泛，从南北两极到热带海洋，从泥沙滩到岩礁间都有它们的踪迹。

❧ 棘皮动物在海洋中非常常见，比如海星、海参等。这种生物是一种从寒武纪就出现的古老海洋家族。

❉ [筐蛇尾（局部）]

❉ 棘皮动物对地球最大的益处是可以在身体发育骨骼的过程中，直接从海水中吸收碳。事实上，许多海洋生物死后其骨骼会以无机盐的方式存留在海底，而棘皮动物则通过海水吸收其中包含的碳元素，既形成了自身的骨骼，又减少了酸性海水对大气的影响。

❉ 在《本草纲目》中是这样描述蛇尾的："阳遂足生海中，色青黑、腹白，有五足，不知头尾，生时体软，死即干脆。"而它的名字叫"阳遂足"。

北极鲑鱼

美 / 味 / 的 / 猎 / 食 / 者

北极鲑鱼主要分布于北极圈附近的寒冷海域，其身体非常耐寒，拥有紧实的肉质，味道鲜美，被视为餐桌上的美味佳肴。

★ ❧ ★

鲑鱼常被称为三文鱼，而北极鲑鱼则是分布在北极寒冷海域的三文鱼，这种鱼体态优美、色泽鲜艳，尤其是性成熟之后，会逐渐呈现深红色，所以在某些地区将之称为北极红点鲑鱼。

在每年8月底到9月中旬这段时间内，北极鲑鱼中的每条雌鱼可产鱼卵2000～3000粒。在北极圈内的寒冷海域，北极鲑鱼可健康成长，三四岁可进入性成熟期，生命可达15年之久。北极鲑鱼喜欢结群，在捕食时非常凶猛，成长也极其迅速。北极鲑鱼也是一种经济鱼类，是挪威、加拿大等地的主要出口鱼类。

❧ [鲑鱼]

鲑鱼是所有三文鱼、鳟鱼和鲑鱼三大类的统称。但真正的鲑鱼只有5种：北极鲑鱼、七彩鲑鱼、多丽鲑鱼、雷克鲑鱼和牛头鲑鱼，其他所谓的鲑鱼实际上只是习惯的叫法而已。

❧ [北极鲑鱼]

北极鲑鱼的分布地区并不是很广，有4种较具代表性的系列，挪威系分布于挪威及邻近水域，莱布多系、乃育克系和大树河系全部分布于加拿大北部的某些特定水域。其中乃育克系北极鲑鱼最重可达15千克，被称为"北极王"。

北极鳕鱼

一 / 条 / 有 / 故 / 事 / 的 / 鱼

北极鳕鱼分布于整个北极海域，学名为大西洋真鳕鱼，生活在低于5℃的冷水中，因其成长迅速，自古便是北极圈附近出产的经济鱼类，自大航海时代起，北极鳕鱼就成为北美殖民地贸易争夺的焦点。

一条有故事的鱼

北极鳕鱼又被称为挪威北极鳕鱼，早在北欧维京人征战的时期，北极鳕鱼便是重要的蛋白质资源，它充当着维京人的口粮，是北欧人的力量源泉；中世纪，当黑死病肆虐欧洲时，它又滋养了饥饿的欧洲人，并掀起了中世纪的航海大热潮。

如今，欧洲人的生活更加与鳕鱼密不可分，比如英国最正宗的炸鱼薯条，鱼就得用北极鳕鱼；葡萄牙人的传统美食"马介休"中，主料也是北极鳕鱼；而在卑尔根，有着挪威最古老的鳕鱼市场，在市场中间竖立着标志性的鳕鱼干雕塑，而它一站就是几百年。

胃口好得惊人，繁殖力也很惊人

北极鳕鱼分布于整个北极地区，它们的胃口好得惊人，只要是会动的东西，

❀ [卑尔根鳕鱼干雕像]

卑尔根是挪威第二大港口城市，14—16世纪因欧洲各国对鳕鱼的需求而建立。当时卑尔根是北海鳕鱼业的集散港口，因此很多从汉萨同盟城市赶来的德国商人，在此大量购买鳕鱼，经过加工把鳕鱼晒干后，再运到各地出售。如今在这个城市的鱼市场上有一个醒目的鳕鱼干雕像。

它们都吃，吃得多，因此北极鳕鱼长得也非常快，约10年时间就能长到1米多长。它们的繁殖力也很惊人，体长1米左右的雌鱼，一次可产300万～400万粒卵，但是由于其生活环境中的水温比较低，所以要经过长达4～5个月的孵化期。

北极鳕鱼体型瘦长而结实，体侧有白色曲线，颌下有条明显的触须，同样的品种因为栖息地的不同，身体的颜色也稍有不同，浅水域的挪威北极鳕鱼呈微红色、棕色或橄榄绿色，有较深斑点；栖息在较深水域的挪威北极鳕鱼颜色很浅，一般呈浅灰色。

每年1—4月是北极鳕鱼的捕捞季节，北极鳕鱼会在这个时期进入沿海水域，沿海渔民多数用网捕捞，再经过几个小时的加工，便运往世界各地的餐桌。

北极鳕鱼惊人的抗冻能力

人们常见的鱼类在−1℃时就会冻成"冰棒"了，而北极鳕鱼却能在−1.87℃

❧ [北极鳕鱼]

北极鳕鱼头大，口大，上颌略长于下颌，颈部有一触须，鱼身侧线明显，有背鳍3个，臀鳍2个，各鳍均无硬棘，完全由鳍条组成。头、背及体侧为灰褐色，并具不规则深褐色斑纹，腹面为灰白色。

❧ [马介休]

马介休，来自葡语Bacalhau，是鳕鱼经盐腌制后，经烧、烤、焖或煮，形成的比较著名的菜式，有西洋焗马介休、薯丝炒马介休、炸马介休球、白烩马介休、马介休炒饭等。上图所示的是炸马介休球，这道菜可以说充分体现了马介休的肉香。其做法是取适量鳕鱼肉，然后加上薯粉、洋葱、青椒等碎料，放入油锅炸，炸到金黄后，即可食用。

❧ 第一次鳕鱼战争：1958年冰岛宣布为了保护冰岛渔民的经济利益，将领海扩展到距海岸12海里的范围，同时要求其他国家的渔船撤离，这与英国的利益发生冲突，于是两国间爆发战争，于1961年结束，英国正式承认冰岛12海里领海线。

❖ [海底鳕鱼群]

的环境下自由生活，为了适应这种环境，北极鳕鱼和南极鳕鱼一样，有一系列适应机制，其中最主要的就是在鱼体内的皮下层形成了厚厚的脂肪。脂肪对寒冷的水体具有相当好的抵抗能力，这也就是北极鳕鱼能够在极寒环境中生存的原因。

除此之外，在北极鳕鱼的血液中有一种名为抗冻蛋白的化学物质，由于其表面的特殊结构，使冰晶无法沿其表面生长，因此它能免于被冰晶吞噬而失去活性。

挪威人的"白色黄金"

挪威是一个寒冷的国度，因其独特的地理条件，形成了比赤道还要长的海岸线，拥有世界上最多的鳕鱼资源。挪威峡湾和岛屿众多，海水冰冷、风大浪急，激流使海水保持了非常高的纯净度，这些条件都非常适合挪威北极鳕鱼的繁殖生长。北极鳕鱼是挪威最重要的经济鱼类，也因此被挪威人称为"白色黄金"。

葡萄牙人称为"液体黄金"

北极鳕鱼拥有高含量的蛋白质，其中的脂肪含量极低，与鲨鱼肉的脂肪含量相同。不仅如此，鳕鱼的肝脏含油量高达45%，并含有A、D和E等多种维生素，还含有儿童发育所必需的各种氨基酸，又容易被人消化吸收，因此葡萄牙人将其称为"液体黄金"，也被世界各地的美食者所喜爱，被营养学家称为"天然的营养师"。

❖ 第二次鳕鱼战争：1971年，冰岛再次宣布将禁渔界线扩大为50海里，英国对此颇为不满，于是鳕鱼战争再次爆发。在北约的施压下，英国再次让步。

❖ 第三次鳕鱼战争：1974年，冰岛提出要保护日渐枯竭的鳕鱼资源，于是将禁渔区扩大到200海里，英国在与其对峙了5个月后，被欧洲共同体调停，但禁渔的200海里在当时未得到英国的承认。英国是在1976年9月1日与冰岛签约后才承认冰岛200海里捕鱼区。

❖ 2000年左右，北极鳕鱼变成了一种濒危鱼种，结果引发了又一次的鳕鱼战争。

驼背大马哈鱼

海/洋/马/拉/松/冠/军

驼背大马哈鱼是典型的洄游鱼种。大马哈鱼广泛分布于世界各地的海洋中，而驼背大马哈鱼则分布在太平洋北部和北冰洋。

驼背大马哈鱼为大马哈鱼的属类，俗名细鳞大马哈鱼。其特点是白色的嘴巴里有黑色牙床，没有牙齿，背部和尾翼上有大椭圆形的黑色斑点。驼背大马哈鱼平均重量为 2.2 千克。最大纪录长度为 76 厘米，重量 6.8 千克。

驼背大马哈鱼原本生活在寒冷的太平洋北部河流中，由于环境恶劣，那里缺乏食物，为了觅食，它们不得不顺河而下，一直游到海洋中去觅食成长。

等到了每年的 9 月份，它们就开始洄游，这时候它们身体丰满，肤色俊美，精力充沛。当开始进入到淡水河中时，驼背大马哈鱼便停止进食，因为长期在海水中生活，突然接触淡水，它们的内

Humpback salmon
(Oncorhynchus gorbuscha)

❋ [邮票上的驼背大马哈鱼]

脏器官无法突然适应缺盐的环境。当它们到达目的地时，已经疲惫不堪，瘦得背部像驼峰一样突出来（驼背大马哈鱼的名字便由此而来），呈现出一副狰狞的面孔。然后，在石坑中，雌鱼产下卵，雄鱼再洒下精液。到这里驼背大马哈鱼剩下的时间就是等待死亡了，因为它们已经走完了人生最后的一步：繁衍下一代。

❋ [驼背大马哈鱼]

大马哈鱼在海洋中生长 4 年左右后，会不顾路途遥远，千里甚至万里迢迢准确洄游到它诞生的淡水江河中产卵，大马哈鱼如何穿越浩瀚的海洋准确回到出生地至今是个谜。

格陵兰鲨

北/极/最/大/的/鲨/鱼

　　格陵兰鲨也称为格陵兰睡鲨，是世界上体型最大的鲨鱼之一，拥有丑陋的外表，生活在北极及北大西洋从浅水滩到1300米深的地方，行动缓慢，是世界上最长寿的动物之一。

格陵兰鲨又叫小头睡鲨，属角鲨目睡鲨科睡鲨属，是三种巨型睡鲨之一。格陵兰鲨主要分布在北大西洋高纬度的寒冷水域，从浅水滩到1300米深的地方都能生存，是世界上最长寿的动物之一。

慢节奏杀手

　　格陵兰鲨以慢著称，格陵兰鲨的游速非常慢，一般情况下游速仅为每小时1～3千米，它们的上限似乎无法超过每小时10千米（比北极熊还慢）。看到这儿，读者可能就会想到，速度如此慢，它们怎么捕食呢？

　　格陵兰鲨以鱿鱼、甲壳类、软体动

　　❧ 格陵兰鲨虽然行动缓慢，但是生性凶猛，是比大白鲨还要残暴的鲨鱼，它们能够捕食北极熊。

❧ [格陵兰鲨]

物及各种腐肉为主要食物，格陵兰鲨还会捕杀海洋哺乳动物和一些灵活的鸟类。

格陵兰鲨的慢节奏在海洋中很有欺骗性，这种庞然大物会慢悠悠地移动，悄悄地靠近猎物，让其他动物以为是一堆漂移物而放松警惕，格陵兰鲨会给对手以措手不及的一口。有人在一角鲸和白鲸身上发现过格陵兰鲨的咬痕，甚至在格陵兰鲨的腹中还发现过北极熊的残骸。由此可见，格陵兰鲨也不是个简单的家伙，因此也被称为"海洋中的鳄鱼"。

标准睁眼瞎

格陵兰鲨大大的眼睛上寄生着满满的桡足动物，它们依靠格陵兰鲨的角膜组织生活，这样就导致了格陵兰鲨本来很差的视觉几乎丧失。不过，这些寄生物对格陵兰鲨也有帮助，它们会发出生

❧ [格陵兰鲨的牙齿]
格陵兰鲨虽然性情凶猛，冰岛和格陵兰的因纽特人却会捕猎这种鲨鱼，它们的皮被制成靴子，牙齿则被制成切割的工具。

❧ [格陵兰鲨眼睛上寄生的桡足动物]
格陵兰鲨的眼睛上寄生着一种黄白色的生物，它们会吃掉格陵兰鲨眼睛的一部分角膜，导致它们的眼睛局部失明。

❦ [格陵兰鲨鱼肉制品——skyrhákarl]

格陵兰鲨的肉是有毒的，不能够轻易食用，将鱼肉晒干后进行发酵，经过 4 ~ 5 个月的时间，就可以食用了。这种食物被冰岛和格陵兰的居民称为 Hákarl。

❦ [格陵兰鲨鱼肉制品——glerhákarl]

Hákarl 可以分成两部分，一部分叫做 glerhákarl，它是红色的，来自于鲨鱼的腹部；另一部分叫做 skyrhákarl，它又白又软，来自于鲨鱼的身体。闻起来臭臭的鲨鱼肉，吃起来可是香辣的，就像我国的臭豆腐一样。

物荧光，可以帮助格陵兰鲨吸引猎物。

一个世纪才性成熟

格陵兰鲨的成长速度和它的行动速度一样的缓慢，格陵兰鲨体长可达 6 米，重 1020 千克。

格陵兰鲨出生后平均每年只能长 1 厘米，一头成年的鲨长到 4 米以上，达到性成熟起码要度过 150 多年。到达性成熟之后，雌鲨鱼每几年才生产一次，每次可以生出几条小鲨鱼，这一点和鲸相似。

老不死——格陵兰鲨

世界上大部分的鲨鱼活不过 30 年，就算是生活在深海中的鲸鲨，最长也就是 100 年，和人类的寿命差不多。可是格陵兰鲨活得太久了，以至于需要用专业的仪器和技术才能计算出它们的年龄，格陵兰鲨称得上是真正的"老不死"。

生物学家通过专业的放射性碳定年法分析了格陵兰鲨的眼角膜，再结合其身体的长度，发现格陵兰鲨居然可以活到 400 岁高龄，最长的可以活到 500 多岁。

让人们感到奇怪的是这么漫长的时间，格陵兰鲨是怎么逃过猎食和猎捕的呢？

估计有以下几大原因：首先在酷寒环境下，这么大体型的鲨，天敌比较少。另外格陵兰鲨肉质有毒，所以天敌以及人类也就懒得去捕杀。最后可能是因为它们睡睡停停，不活动、不折腾，不容易被天敌发现，也能保存能量活下去。

虽然格陵兰鲨的肉质有毒，但是从 19 世纪开始，在其肝脏中提取鱼肝油的捕捞开始大肆盛行，加上它们生长缓慢，现如今格陵兰鲨的存活量越来越少。

人们应该认真去想想该如何保护格陵兰鲨，让子孙后代能够见着这么一个光吃、好睡而不长的"老不死的"。

南极冰鱼

南/极/海/洋/珍/品

南极冰鱼属于鳄冰鱼科，广泛分布于南极洲附近的各个海域，因为其独特的白色外形和某些半透明的部位，而被英国捕鲸人命名为冰鱼。

南极冰鱼又被称为南极虾鱼，是分布于南极洲各冰冷海域的鱼类，生长在深海 0℃ 以下的无污染水域，主要以甲壳类和小鱼为食。

长相丑陋似鳄

南极冰鱼吻部形状似鳄，外形细长，头比较大，外皮黑白色相间，有大大的眼睛和长着长牙的嘴，纤细的鱼鳍骨上覆盖着透明的膜。由于来源于南极无污染的水域，体内含有丰富的鱼脂肪 DHA、EPA 等成分，钙质含量丰富，不含血红素，营养价值高，是一种备受推崇的健康食品。

❧ **[南极冰鱼]**

南极冰鱼没有鳞片，而且是白色的，某些部位洁白如雪，其他部位则是半透明的，体内几乎不含血红蛋白。

❧ **[邮票上的南极冰鱼]**

❀ [南极冰鱼干]

南极冰鱼血红蛋白的缺失不是一种有用的适应行为，而是一个基因突变导致的不幸结果，冰鱼血液携带氧气的量只有普通鱼类的 10%，为此它们不得不大幅调整自己的身体，南极冰鱼的鳃加上南极的环境优势拯救了它们，没让它们因血液的缺陷而灭亡。

无色的血液

在人类看来，南极海域是一个难以想象的苛刻环境，然而不同的生物可以通过长久的进化而适应这片冰冷的海域。南极冰鱼也不例外。早在 1928 年，生物学家发现南极冰鱼后，在对其进行解剖时惊讶地发现，这种鱼的血液居然是无色的。它们体内缺少红细胞及血红素，但其心脏及鳃血管较大，循环血量较大，能从含氧丰富的南极海水中吸取足够的氧，并且由于它们的血液冰点比海水的冰点要低一些，所以它们在低温下生活，才不致被冻死。不仅如此，相对稀薄的无色血液在其身体内循环流动时，阻力比红色血液小，能节约能量，有利于在极端环境下的生存。

面临的新挑战

南极冰鱼适应了冰冷的海水，随着南极的变暖，海水极有可能酸化，水中所含的营养将会减少，相比于红细胞的鱼类，南极冰鱼对此的变化将会更加敏感。如果它们无法适应，这种变化可能会给南极冰鱼带来灭顶之灾。

❀ [冻南极冰鱼]

冰海精灵

唯 / 美 / 天 / 使

冰海精灵是一种浮游性软体生物，生活在北极和南极等较为寒冷海域的冰层之下，通体透明，在水中缓缓漂动，被誉为"浮在凌空中的天使"。

冰海精灵又被称为海天使，为腹足纲后鳃类海若螺科海若螺属，是一种翼足类软体动物。分布于北太平洋和北大西洋海域，主要集中在南极和北极附近的冰冷海水中，冰海精灵不是水母也不是萤火虫，而是一种浮游性软体生物，挥动飘逸的翅膀，终身漂浮在结冰的海水之下。

个头不大还是个食肉动物

冰海精灵全身呈现半透明状，长度只有人类小指一节的大小，身体中央有着红色的消化器官，这为冰海精灵增添了一种仙气。

不过美丽的外表无法掩盖其食肉的本性，它多以浮游性卷贝为食，一旦发

❧ [冰海精灵]
冰海精灵终身漂浮在结冰的海水之下。嘴在头部顶端，以肉食为主，在进食的时候，它的头部会张开，并从咽喉伸出像是触手的"腕"及"吻"，腕上有吸盘，可以帮助它摄食。发现猎食对象时，它头部那两个像是触角的东西之间会突然爆裂开，从体内瞬间伸出6条被称为"口锥"的触角，捕捉猎物。

现猎物，就会飞快逼近，张开头部，并从咽喉伸出6条触角，将食物拉入腹内，慢慢消化。

雌雄同体

冰海精灵为雌雄同体生物，但是它们却不能完成自我受精，必须跟其他同类进行交配才能繁殖后代。交配时，两只冰海精灵会结合在一起，互相为对方的卵子受精。经过一段时间，冰海精灵幼体才能破壳而出，幼年时期，有着外壳的保护，慢慢长大后，外壳褪去，足部渐渐变为透明的翅膀。通过挥舞翅膀，帮助冰海精灵自在畅游。

❀ 2009年，日本兵库县但马附近海域发现一批神秘的"客人"——冰海精灵。至于冰海精灵来到这里的原因，并没有合理的解释，但是日本海水相对比较温暖，冰海精灵并不能完全适应环境，而后大量死亡。"冰海精灵"这次"说走就走的旅行"，为它们带来的是失去生命的冒险，看来"旅行要谨慎"啊！

❀ 冰海精灵的学名是"Clione limacina"，是从希腊神话中海神的名字演化而来的，它是传说中的幸运之神，热恋中的情侣们看到它，可以为自己带来浪漫的爱情、美满的婚姻。

海蜘蛛

海/洋/大/长/腿

海蜘蛛形似蜘蛛，是原始的海洋节肢动物，栖于海滨，常匍匐于海藻上或岩石下，在南极曾发现有巨型海蜘蛛，其单腿间跨度可以达到 25 厘米。

海蜘蛛也叫皆足虫，它形似蜘蛛，故名海蜘蛛。长有 8 条大长腿，呈现褐色或淡黄色，广泛分布于世界各大洋中。海蜘蛛以细长的足在海底爬行，有的能踩水。

生殖器长在腿上

海蜘蛛分为雌、雄两性，会在体外受精，雄性海蜘蛛具有一对特殊形态的爬行肢，称为抱卵肢，雄性海蜘蛛靠这条腿携带受精卵，直到孵化。许多幼体寄生在刺胞动物或软体动物上。

海蜘蛛的超强适应能力

浅水种群的海蜘蛛体型大小多为 3 厘米左右，深海种群则会长到 50 厘米左右。

生活在浅海的海蜘蛛有 4 只单眼，深海中的海蜘蛛没有视力，但是能够依

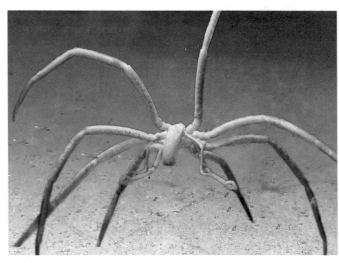

❀ [海蜘蛛]

英国牛津大学古生物学家研究发现，海蜘蛛约在 4.5 亿年前便已经出现了，是一种非常古老的海洋生物。

靠化学痕迹找到猎物。

深海海床很柔软但不稳定，海蜘蛛瘦长的腿可以使它们不会沉下去；而在浅海的海蜘蛛腿则会相对粗壮一些，腿也短些，这样它们能牢牢固定在湍急的水流中，不被水流冲走。

由此可以看出，海蜘蛛拥有超强的适应能力，以加强自己的生存技能。

栉水母

流 / 光 / 溢 / 彩

栉水母是一种海洋无脊椎动物，身体呈中心对称的放射状，全身透明，在夜晚会发出柔和的生物光，简直如外星生物一般。

❀ [栉水母]

栉水母基本都是无色的，透明的栉水母漂浮在水中，依靠生物光打扮得流光溢彩。

栉水母又叫海胡桃、猫眼，属辐射对称动物，现被划分为栉水母动物门。它是一种类似于水母的无脊椎动物，身体透明，呈球形、卵圆形、扁平形等，广泛分布于世界各地的海域。

全世界大约有 150 种栉水母，另外估计还有 40 ~ 50 种尚未被命名，栉水母身体呈中心对称的放射状，长着 8 行栉板，栉板上长着短短的纤毛，虽然栉水母不擅长游泳，但它能够依靠这些纤毛在海水中前进。

独一无二的"外星大脑"

栉水母不仅仅是一个依靠纤毛移动身体的小生命，它还拥有发达的神经系统，而且拥有一种独一无二的"外星大脑"，因为这种大脑有再生能力。

栉水母若因外伤使得大脑受损，那么它会在 3 天内再生一个基本大脑。可见，栉水母的神经系统与地球上其他动物的神经系统采用了不同的进化路径。从某种意义上而言，它的大脑系统和眼下比较流行的区块链有点相像。其身体的每个部分都保留着大脑以及身体各部位神经的数据，一旦身体的某个部位受伤，就能很快被修复，这是一种非常强大的再生能力。

❀ 大多数栉水母体型小，但有一种爱神带水母可长到 1 米以上。栉水母见于几乎所有的大洋中，在近海的表层海水中有侧腕水母和瓜水母两种。栉水母没有毒，也不会蜇人，属于稀缺海洋生物，对科学研究有着十分重要的价值。

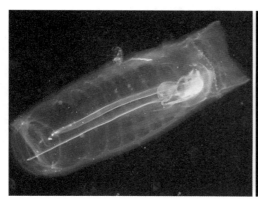

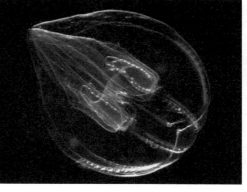

栉水母没有肛门

原始动物基本都是用嘴巴进食和排泄的，随着时间推移，有些动物进化出肠道，这样就促使动物由嘴巴进食，由另一端排泄出残渣。

栉水母一直被认为是只有一个消化腔开口的生物，没有真正的肛门。但海洋生物学家的最新研究发现，栉水母吃下小鱼之后，其半透明的身体里会出现一些没有被消化的鳞片，聚焦于栉水母的尾端，然后被排了出去。

这一发现令海洋生物学家颇为震惊，因为有肛门的生物明显晚于没有肛门的生物。早先普遍认为栉水母是地球上最

❋ [栉水母的形状]

栉水母通常呈现左右对称或辐射对称，因为体态透明，能发出不同颜色的生物光，所以会出现不同形状的游泳姿态。

❋ 栉水母虽外形类似水母，却不是真正的水母，而是一类两胚层动物，属于辐射对称动物。

古老的生物之一，一旦发现栉水母有着肛门排便的习惯后，"最古老的生物"这一名号就值得商榷了。幸好海洋生物学家在栉水母身上未找到排泄的肛门，只是在其尾部发现了两个小孔。

神秘的光让大海更加美丽

栉水母是雌雄同体的生物，拥有产生卵子和精子的不同生殖腺。它们将卵子和精子排到水中，在体外完成受精与胚胎发育，依靠海中的浮游生物为食。当栉水母在海中游动时，就变成了一个光彩夺目的彩球，这种神秘的彩球发出的光让大海更加美丽诱人。

❋ [5.6 亿年前的八臂仙母虫化石]

据专家研究认为，这个化石属于 5.6 亿年前的埃迪卡拉纪。"八臂仙母虫"没有任何口孔或触手的痕迹，与栉水母等生物非常相似，但它们之间也有许多差异，使研究人员疑惑不解。

❖ [独角雪冰鱼]
活着的南极冰鱼很少有机会能见到，由于南极冰鱼出水就直接冻僵，人们看到的多是冰冻后的鱼体。

独角雪冰鱼 》》》

世 / 界 / 最 / 耐 / 寒 / 鱼 / 类

独角雪冰鱼属于鳄冰鱼科，是南极冰鱼的一种，分布于南冰洋海域，是南极最能够忍受低温的鱼类。

角雪冰鱼是南极冰鱼的一种，与其他冰鱼相比，独角雪冰鱼生活在纬度更高的海域，也就意味着它比其他任何类型的鱼类都更抗冻。

独角雪冰鱼身长可达 49 厘米，是新发现的冰鱼种类之一，栖息深度为 400 ～ 600 米的海底，喜食肉类，头顶长有尖尖的角，有两只大大圆圆的眼睛，它是迄今为止人类所发现的全世界最耐寒的鱼类。

真假南极冰鱼

目前市场上经常可见两种号称为南极冰鱼的鱼：一种叫南极冰鱼；另一种则叫南美南极鱼（也称南极鱼）。

南美南极鱼：这种鱼生长在马尔维纳斯群岛陆架和陆坡水域，栖息深度 50 ～ 500 米，体长最大可达到 44 厘米，一般市场上 10 ～ 30 厘米居多，它为远洋底栖性鱼类，属肉食性，以浮游性甲壳类为食，同时也是许多大型鱼类的食物，也是南美南极鱼属中数量最大的鱼种。

南极冰鱼：是生长在深海 0℃ 以下无污染的鱼类。它属于鳄头冰鱼家族。它的嘴宽还有锋利的牙齿，主要吃的是南极磷虾，拒食杂物。

相较南美南极鱼，南极冰鱼由于体内缺少血红蛋白，所以略显苍白（指的是冰冻之后），并且南极冰鱼的头较大，呈现明显的三角形，而南美南极鱼则不是这样。

南极章鱼

蓝/色/血/液/的/深/海/生/物

在电影《蓝血人》中蓝色星球人方天涯拥有蓝色血液，而在南极冰冷的海水之下，也有一种章鱼拥有蓝色的血液。

极章鱼生活在西南极洲 1000 米以下的深海，它们色彩艳丽、美轮美奂，但是拥有高浓度的毒液，能够看到它并非是幸运的事。

和毒蛇一样杀死猎物

南极章鱼的食谱宽泛，从蛤蚌到鱼类皆来者不拒。捕猎时，南极章鱼会悄悄地靠近，然后用触须缠绕住猎物，再用毒液杀死它们，这种捕猎过程和毒蛇很相似。可让科学家无法理解的是，在南极这样极寒的地带，南极章鱼是如何在体内维持毒液的毒性的。

蓝血代替了血红蛋白

由于严寒的环境，许多南极生物的

❀ [南极章鱼]

基因发生改变，其中最显著的改变就是血液中血红蛋白的消失，这一点在南极章鱼身上出现了例外。

南极章鱼的血液是蓝色的，生物学家将这种元素称为蓝血素。蓝血素可以通过功能的改变改善0℃以下组织中氧气的供应。南极章鱼有三个心脏和"血淋巴"泵，它们通过蓝血素将氧气中的转运蛋白以及其他营养物质送达身体各处，简单来说就是蓝血素代替了脊椎动物身体中的血红蛋白。

自带防冻液的南极章鱼

南极在人们的感觉中就是冰天雪地的气候，然而南极章鱼还能生活在1000米以下的深海里，它们究竟是怎样抵御寒冷的呢？除了上面说到的蓝血素代替了血红蛋白外，还有个重要的原因——科学家发现南极章鱼可以利用一种被称为核糖核酸编辑的手段来定制低温下工

❦ [南极章鱼]

南极洲有16种章鱼，所有南极章鱼的血液中都有一种特殊的色素，使血液呈现出蓝色，有助于它们在冰点以下的环境中存活。

❦ 一项最新的研究表明，帮助南极章鱼在寒冷海域不怕冻的是一项名为"RNA编辑"的技能，它们能够主动地改变重要的神经系统蛋白质，使其能够在低温下正常工作。
我们知道，低温会结冰，不管是血液还是水，这就会妨碍神经系统信号中特质蛋白的运作，当一个神经细胞进入兴奋状态时，细胞膜中的蛋白质通道就会开合，允许各种离子进出。当细胞膜内的电荷回归正常时，释放钾离子的通道就会闭合。但是低温会延缓钾离子通道的闭合，而这会阻碍神经元的再次兴奋。因此研究人员提出了一个假说，即居住在严寒环境下的物种，可以通过修改它们的钾离子通道，使其能够在极寒环境下更好地生存。

作的关键神经系统蛋白质，使其不会因严寒而关闭，所以，在零下20~30℃的海水中，南极章鱼仍然能够正常生活。

北极霞水母

世/界/上/最/大/的/水/母

北极霞水母是一种低等腔肠动物，常见于各地的海洋中，是世界上最大的水母。

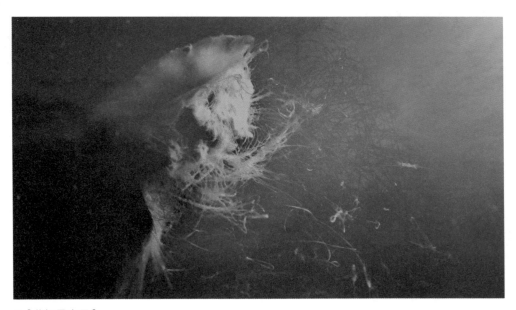

❀ [北极霞水母]

北极霞水母体型巨大，1865 年，在美国马萨诸塞州海岸，有一只霞水母被海浪冲上了岸，它的伞部直径为 2.28 米，触手长 36 米。

北极霞水母是一种低等的腔肠动物，主要分布于大西洋。北极霞水母的伞状体能够闪烁出彩霞的光芒，非常漂亮，但寿命只有 1 年左右。

奇怪的身体结构

北极霞水母跟其他水母一样，身体主要由水构成，在内外两胚层间有一个很厚的中胶层，这层胶不但透明，而且具有漂浮作用。

世界上最大的水母

世界上大约有 250 种水母，直径大多为 10 ~ 100 厘米，但是北极霞水母的巨伞直径最大有 2 米，伞的下缘有 8 组触手，每组有 150 根左右，每根触手伸长达 40 多米，而且能在 1 秒内缩到只有原来长度的 1/10。触手上布有刺细胞，能够发射

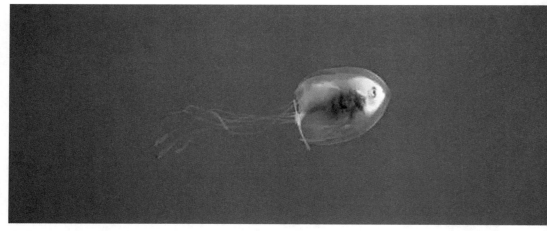

毒素。北极霞水母将触手伸展开时，网罩面积可达 500 平方米，就像布下了一张天罗地网。

美丽背后的凶猛

北极霞水母虽然长相美丽，其实十分凶猛。在其伞状体的下面，北极霞水母的触手上有很多叫刺丝胞的囊，这既是它的消化器官，也是它的武器，能够射出毒液，猎物被刺蜇以后，会迅速麻痹而死。

触手将这些猎物紧紧抓住，缩回来，用伞状体下面的息肉吸住，每一个息肉都能够分泌出酵素，迅速将猎物体内的蛋白质分解。水母没有呼吸器官和循环系统，只有原始的消化器官，所以捕获的食物立即在腔肠内消化吸收。

若是人类受到北极霞水母攻击，几个小时内得不到及时医治的话，性命堪忧。

天敌

作为如此巨大的毒物，应该少有天

❀ [水母与共生鱼]

英国《每日邮报》报道的澳大利亚摄影师蒂姆·塞缪尔所拍摄的照片，一条小牧鱼钻到水母腹内的场景。

水母与牧鱼一起生活，互惠互利。水母保护了牧鱼的生命安全，牧鱼则帮它诱敌，并为它清除身上的微生物，还可以吃到水母吃剩的残渣碎片。

❀ 人们往往根据水母的伞状体的不同来分类：有的伞状体发银光，叫银水母；有的伞状体则像和尚的帽子，就叫僧帽水母；有的伞状体仿佛是船上的白帆，叫帆水母；有的宛如雨伞，叫雨伞水母；有的伞状体上闪耀着彩霞的光芒，叫霞水母。

❀ 霞水母虽说巨大而且凶猛，但也是一些小鱼的"避难所"，尤其是小牧鱼。它们会躲避在霞水母的大罩之下，躲过敌人的进攻，也能从霞水母嘴下吃到残渣碎片。

敌，但是北极霞水母却是大型龟类的食物之一。龟类有甲壳保护，可以自由地在水母群中穿梭，轻而易举地用嘴扯断北极霞水母的触手，使之只能上下翻滚，最后失去抵抗力，而成为猎食者的美餐。

蟠虎螺

海 / 蝴 / 蝶

蟠虎螺生活在南北极的冰冷海水中，是一种翼足类生物，头顶上长着两颗像豌豆的角，与鸟类的翅膀非常相似。

蟠虎螺一般生活在南北极的海洋表层，也有生活在深达 200 米海水下的，身体长 1 厘米左右，是一种软体生物。有些蟠虎螺已经没有壳了，有些虽然有壳，壳却是透明的。蟠虎螺通过翅膀上布满黏液的网捕食，主要以海洋中的其他小动物为食。蟠虎螺游动时会挥动长在头顶上的两只角，这种动物与蝴蝶非常相似，所以又被称为海蝴蝶。蟠虎螺是海洋食物链中比较低端的生物，但却非常重要，无论是岸上的北极熊，还是海洋里的鱼类都以它们为食，所以是非常重要的海洋生命草场。

❀ [蟠虎螺]
蟠虎螺是生活在海洋食物链底端的生物，有些海天使就专吃蟠虎螺。

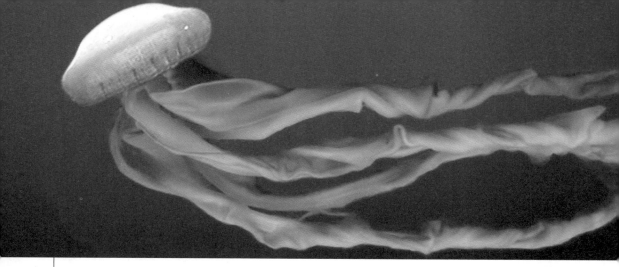

冥河水母

海 / 底 / 摄 / 魂 / 怪

冥河水母，听这名字就知道其外形肯定比较恐怖了，它是一种非常神秘的水母，虽然多次在南极海域被发现，但科学家对它还是颇为陌生。

冥河水母（*Stygiomedusa Gigantea*）的属名由 Stygio 和 medusa 组成，前者在古希腊语中有被水环绕的地下世界的意思，英语中直译为冥河，后者指古希腊神话中著名的蛇发女妖美杜莎，英语中可代指水母。*Gigantea* 为种名，拉丁文中有花瓣的意思。

冥河水母长什么样?

冥河水母是一种巨型水母，其外形有点像科幻电影《哈利·波特》中的摄魂怪，呈黑红色。它没有其他水母的黏稠刺状触须，却长有 4 个床单状触角，可延伸 6 米。冥河水母的体长达 11 米，体重约 41 千克，这是迄今发现的最大水母之一。冥河水母拥有一个巨大的伞盖，在嘴边有十分发达的口腕，伞缘的褶皱很多，伞下的纵肌很发达，游动时，犹如幽灵一般。

冥河水母生活在哪里?

冥河水母最早于 1901 年在南极海域被发现，但它的活动范围不仅仅局限于南极，其分布广泛，在大西洋、太平洋、北冰洋都有发现。

冥河水母自被发现之后，屡次现身，最后一次发现是在 2009 年。在过去这 110 多年的时间里，人类只在大洋中发现过这种水母 114 次，因此对它的生活习性等情况的了解非常欠缺。

北极茴鱼

与/生/俱/来/的/技/能

北极茴鱼与美洲茴鱼、欧洲茴鱼非常相似，归类为茴鱼科，盛产于阿勒泰额尔齐斯河流域。

北极茴鱼，又名棒花鱼，属于洄游鱼类。其体长形，侧扁，前背窄棱状。吻钝短，眼大，口裂稍斜，上下颌约等长，各有一行细弱牙，为冷水性底层鱼类。喜生活在山麓砂底的清澈激流中，食性以水生昆虫及软体动物等为主。

北极茴鱼洄游和其他鱼类不同，它们的洄游不仅是为了繁殖下一代，主要可分三种：生殖洄游、索饵洄游、越冬洄游。

生殖洄游

为了产卵，北极茴鱼会洄游到出生地，但是它们的出生地不同，洄游目的地也不同，或者所处的位置不同，洄游的路径也不同。比如：外海到海岸；溪河到河口；江河、湖泊到江河、湖泊；外海到河口……

在洄游期间部分北极茴鱼会停止进食。

❦ [北极茴鱼]
北极茴鱼是典型的冷水鱼，在我国北方也有，多产于阿勒泰额尔齐斯河流域，两侧较淡，靠近鱼头部位上面有黑色小斑点。

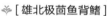
[雄北极茴鱼背鳍]

北极茴鱼在外形上体长，雌雄在外形上区别比较明显，雄鱼
背鳍特别高大且鲜艳，雌鱼背鳍较低。

[雄北极茴鱼尾鳍]

索饵洄游

为了能健康地成长，北极茴鱼会为了填饱肚子而选择洄游到食物丰盛的地方摄取食物。有些北极茴鱼会在洄游的过程中遇到丰盛的食物就停止前进。

越冬洄游

在北极的冬季到来或北冰洋冰封前，北极茴鱼会纷纷洄游到相对温暖的阿勒泰额尔齐斯河的上游。它们在洄游过程中会根据水温来改变前进速度，一般水温越低的时候洄游速度越快。随着水温慢慢升高，它们的洄游速度就会越来越慢，直到到达它们觉得水温合适的水域，就会停下来越冬。

其他洄游

北极茴鱼洄游的原因还有很多，比如水位改变了，水流不合适了，这些都

冷水鱼生长较为缓慢，又多生活在无污染溪流中，肉质尤为细嫩，味道鲜美，无土腥味，具有较高的营养价值和食用价值。茴鱼更是一种高蛋白、高脂肪鱼类，其胆固醇含量几乎为零，它的肉里还含有丰富的氨基酸、不饱和脂肪酸、矿物质和维生素等，这些微量元素的含量均是其他鱼肉的数倍，对人体健康极为有利。

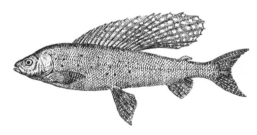

[雄北极茴鱼的外形]

茴鱼是鲑形目鲑亚目茴鱼科茴鱼属的一种，体形长而侧扁。背鳍长且高，呈旗状，背缘圆凸；脂鳍小，位于臀鳍基后段上方；雄体的背、臀鳍较雌体为大。

会引起它们洄游，也有可能这些原因同时引起它们洄游。

海狮

食 / 肉 / 猛 / 兽

海狮因长得像狮子而得名，体长一般不超过2米，其中北海狮为最大的一种海狮。海狮是非常社会化的动物，并且拥有人类想象不到的通信方式。

海狮大多成群出现，陆岸可组成上千头的大群，海上多为1头或十数头的小群。它们有各种独有的交流沟通和通信方式，是动物群体中非常社会化的物种。

海狮不会固定在一个地方生活，除了很少的一些种类生活在北极圈内，其他的大部分生活在相对温暖的海域，哪里有食物哪里就是它们的家园。

海狮一般不会超过2米

海狮属于海洋哺乳动物，雌雄两性体型大小差别显著，雄性一般大于雌性1倍左右。大部分海狮不会超过2米。而

❧ 每到繁殖季节，海狮会在一个固定场所开始一场配偶争夺战，会有一头雄性海狮拥有许多"妻妾"。雌性海狮怀孕达1年之久，每胎产1仔。

❧ [海狮]

北海狮却能长到 3 米以上，有着"海狮之王"的称号。

不同族群的海狮长相略有不同，但是大部分海狮颈部周围及肩部生有长而粗的鬃毛，体毛为黄褐色，背部毛色较浅，胸及腹部色深。雌性体色则相对较淡，没有鬃毛。

海狮饿急了会吃企鹅

海狮性情温和，多为整吞食物，不加咀嚼，少了很多血腥，看似比较文明。

北极圈内的海狮多以磷虾为食，其他地区的海狮则以鱼类、乌贼、水母和蚌为食。海狮的食量很大，它们大部分时间都会待在海里捕食，在食物匮乏的时候，它们会吞食一些小石子，用来填饱自己的大胃口（专家发现它们吞食小石子实际上是为了帮助消化），生活在南极的海狮甚至会吃企鹅。

❧ [海狮明亮的眼睛和坚硬的胡须]

海狮的胡须下有很多触觉神经，相当于它们的第二双眼睛，它们的胡子同时还能接受回声，像雷达，能帮助它们寻找到食物。

❧ 海狮在潜水时鼻孔紧闭，心跳降至每分钟 4 ~ 5 次。

❧ [海狮纪念币]

为了填饱大肚子，海狮在海里活动的时间比较多，所以它们也给了天敌更多的机会，比如虎鲸和鲨鱼。如果在海中觅食的海狮遇到天敌不能尽快地逃到陆地，哪怕是一大块浮冰，这些天敌可没有海狮那么绅士，它们会将海狮撕碎。

聪明的没"脑子"

人类对于动物大脑的研究，有个普遍的共识，那就是脑容量的大小会决定动物的智商高低，脑容量大的动物智商普遍高于脑容量较小的。然而海狮却是个例外，就这方面来说，海狮绝对没有优势，从其长相就能够看出，它没"脑子"，但事实上，海狮拥有非常强的逻辑分析能力，被驯服后常帮助人类入海打捞海底物品。例如，美国海军特种部队中一头训练有素的海狮，能在 1 分钟内将沉入海底的火箭取上来。

[海狮城市雕塑]

[海狮邮票]

深度潜水冠军

海狮是潜水的能手，而加州海狮更是深度潜水的冠军，它们能够承受深达300 多米时的水流压力。动物学家认为，动物若想进入深度潜水，承受住强大的水流压力，就必须要将自己的肺部萎陷。科学家们在观察一头海狮的潜水时发现，这头海狮在深达 300 多米的海水中潜水了 6 分钟，在下潜过程中，海狮逐步将自己的肺部萎陷，然后在上升时又重新膨胀起来，这种技能不仅通过把氮挡在血流之外而避免了潜水减压病，而且还减少了从肺部输送到血流中的氧气量，将氧保留在海狮的上部气道内。

海豹

冰 / 海 / 萌 / 物

海豹是广泛存在于世界范围内的海洋生物，因为可爱的外貌，颇受人们喜欢，尤其是在南极冰天雪地的世界中，出生不久的小海豹，其无辜的眼神，呆萌的神态，更是让人喜爱，于是它们就有了这样的爱称：冰海萌物。

★ ❖ ★

海豹除了产仔、休息和换毛季节需到冰上、沙滩或岩礁上之外，其余时间都在海中游泳、取食或嬉戏。

海豹是海洋哺乳类动物，它们的身体呈流线型，四肢为鳍状，皮下有层厚厚的脂肪，既保暖又储备能量，还能为游泳提供浮力。

水上运动健将

就体型来说，海豹算是个大胃王，平均一只 60 ～ 70 千克的海豹每天需要消耗 7 ～ 8 千克的食物。为了满足身体的需要，海豹练就了游泳、潜水的超强能力。

世界冠军孙杨在 2012 年 8 月 4 日奥运会上 1500 米自由泳的纪录是 14 分 31 秒 02，按照这个速度游一个小时最多也就 6 千米。而海豹的游泳速度可达每小时 27 千米。除此之外，海豹还是个潜水高手，它们为了寻找食物能下潜到水深 100 米左右，南象海豹更是动物界中的"潜水亚军"，可以在水下停留 90 分钟，最深可潜至 2300 米的深海，是仅次于抹香鲸潜水第二深的动物。

❖ [邮票上的海豹]

❖ 人类需要保护海豹的生态环境，否则就是变相地残杀它们。在英国的圣玛丽岛上生活着无数的海豹，本来它们有着安稳的生活，但由于此岛"美名"远扬，诸多喜欢海豹的人便从世界各地纷至沓来，逼得海豹们退无可退，惊吓使它们迅速"跳崖"，许多海豹因此受伤甚至死亡。据保护组织的调查，仅 70 天中就发生了 1000 多起海豹跳崖事件，其中多数都是因游客而引起的，所以人们要理智地喜欢海豹，而不是因爱生害。

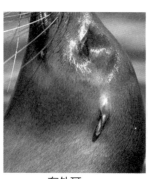

从外形上看，海狮与海豹长得非常像，如果仔细对比，还是能够发现不同的：

海狮有耳朵，海豹没有。
海狮有一对突出的外耳，而海豹则只有耳洞，没有耳廓。

有外耳　　　　　　　有耳洞

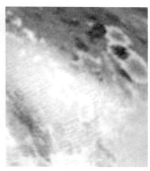

海狮没有斑点，海豹身上有斑点。
海狮身上滑溜溜的，几乎没有别的颜色，而海豹身上通常会有很多小的斑点，甚至整体都是花的。

滑溜溜的皮肤　　　　　有斑点

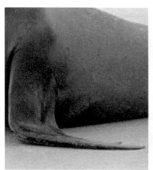
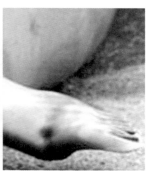

海狮的爪子是鳍形，海豹的爪子更像是猫爪。
仔细观察海狮和海豹的爪子，就会发现二者有着明显的区别，海狮的爪子是典型的鱼鳍，而且是滑溜溜的那种，而海豹的则是毛茸茸的，甚至还长有尖尖的"脚指甲"。
其实除了外貌不同之外，其习性也不相同，简而言之，它们是两种不同的生物。

像鱼鳍　　　　　　　像猫爪

极地海洋生物

❧ [斑纹海豹]
斑纹海豹有和陆地豹子相似的斑纹，就连性格也与豹类极其相似，那就是食肉且凶猛。

一夫多妻

在海豹社会中奉行的是"一夫多妻"制。每年冬末时节，海豹们就开始一年一度的配偶抢夺战，雄海豹会赶到岩石区，霸占醒目的位置，雄海豹根据身体状况，拥有数量不等的妻室。强壮的海豹往往是妻妾成群，而老弱的雄海豹往往连一个"妻子"都没有。最壮观的要数南象海豹，一头雄南象海豹至多拥有60多个"妻子"。

❧ 雄海豹会性侵企鹅。科学家在亚南极洲马里恩岛多次发现雄海豹竟压在比其体型小许多的帝企鹅身上，并不分性别地强行与它们交配。有些海豹在交配结束后甚至会吃掉被自己性侵的企鹅。

在海豹群中，雄海豹们为了获得可心的"妻子"，往往需要用武力来证明。它们用牙齿与情敌搏斗，互相撕咬，鲜血直流，直到一方认输。获胜者将获得雌海豹的青睐，并会在水中完成交配。

雌海豹生下小海豹后，会带着幼仔离开雄海豹，养育它们直到幼仔能独立生存为止。

作为丈夫的雄海豹会护送它们母子去到安全的地方，再返回护送下一个"妻子"，等所有"妻子"都离开以后，雄海豹也会离开海岛。

虽然海豹社会是"一夫多妻"制，但是雌海豹并不高产，平均每次只能生产1头小海豹，小海豹还要经过2～4年才能到达性成熟期，所以海豹的数量并不多。

海豹分布很广，从南极到北极，从海水到淡水湖泊，都有海豹的足迹，并且海豹的种类各有差异，大致有以下一些常见的生活在极地和极地周边的海豹。

斑纹海豹

斑纹海豹身体粗壮，背部呈现蓝灰色，腹部乳黄色，带有蓝黑色斑点，毛色随年龄和季节发生变化，幼兽色深，成兽色浅。

斑纹海豹的主要活动范围从北极圈一直延伸到波罗的海，但是幼仔需要在北极的冰穴之中养育长大，如今气候变暖，斑纹海豹的生活受到了严重威胁。

发情期的斑纹海豹会变得暴躁，在产仔前，雌兽会在浮冰上挖掘出一个巢穴，产仔时躲在巢穴中，迅速产下幼仔，然后会将小海豹藏在冰穴中，等冰完全融化后，小海豹就可以跟妈妈学习捕食了。

SAINT-PIERRE-ET-MIQUELON-RF
POSTES 2003
SPM
CYSTOPHORA CRISTATA
Le phoque à capuchon
0,87 €
P. DÉRIBLE
J. JUBERT

❧ [冠海豹]

冠海豹是生活在北极的海豹科的一个物种。雄性冠海豹长着膨胀的头骨冠和鼻球，尤其当它们被激怒时，鼻球会特别明显；主要分布于北大西洋的北极和亚北极区。该物种已被科学家认定为濒临灭绝状态。

但是，随着气候变暖，现在能够找到的可以挖冰穴的浮冰越来越少，这已经威胁到斑纹海豹繁衍下一代了。

水下 600 米，并且能在水底逗留 43 分钟以上，以捕食杜父鱼和乌贼为生。据估计，目前大约有 80 万头。

韦德尔氏海豹

韦德尔氏海豹又称威德尔海豹、威氏海豹或威德尔氏海豹，主要分布于南极周围、南极洲沿岸附近海域。

韦德尔氏海豹是由英国南极航海探险家詹姆士·威德尔所命名。它能潜到

环海豹

环海豹出没于北极地区的太平洋部分。在春季和冬季期间，它们会在浮冰上进行繁殖、换毛及生育。在这期间，它们会在白令海和鄂霍次克海的冰崖上出现。

✤ [韦德尔氏海豹]
韦德尔氏海豹终其一生都生活在南极，依靠牙齿凿嚼冰面以保证呼吸的畅通，其牙齿磨损得相当严重，甚至无法捕猎，以至于它们年纪轻轻的就死了。

环海豹别名带纹海豹、绶带海豹。成年的环海豹黑色的皮肤上有 4 个白斑纹，雄体身上黑白分明显著，而雌体就相对地没那么明显的对比。

环海豹有一个很大的与气管连接着的气囊，在其身躯的右侧。科学家认为它们的气囊是用来在海底发声，也许还用来吸引异性进行交配。

豹形海豹

豹形海豹主要栖息于有冰山和较小冰川的南极浮冰区。在有冰层覆盖的亚南极群岛也能发现它们的踪迹。

豹形海豹体长 3 ～ 4 米，重 300 ～ 500 千克，雌性体型稍大于雄性。它们的

❀ [环海豹]

环海豹最大的特点就是身上有纹，雄性皮毛呈黑色，而雌性则是褐色，均有 4 条白色花纹：一条围绕颈部，一条围绕尾部，两条围绕前鳍肢。环海豹喜欢独自活动，除非到了繁殖期，或是幼海豹到浮冰上脱毛时才会聚集。小海豹在浮冰上停留数周后毛皮褪换为成体型，但白色环纹要在 4 岁左右才显现出来，恶劣的生存环境导致了小海豹出生当年的死亡率高达 44%。

❀ 环海豹的食物有鳕鱼、乌贼和章鱼等头足类，偶尔吃螃蟹等甲壳类。它的潜水技术很高，可以潜到 200 米深的海底觅食。

[豹形海豹]

豹形海豹是南极洲第二大的海豹种类。它们非常巨大，而且有着像刀子一样锐利的牙齿。

身体背部呈深灰色，腹部银灰色，全身分布着不规则的暗斑。

豹形海豹拥有着海豹家族惯有的敏捷与迅速。与其他海豹不同的是，豹形海豹以前鳍状肢游泳，以颚触摸东西。巨大的犬牙使其可以捕食小海豹、企鹅和其他鸟类。它们在南极处于食物链的顶端，胆大且好奇心强，虎鲸是它唯一的天敌。

竖琴海豹

竖琴海豹主要分布于亚特兰大以北到北冰洋间的极地地区。生活于极地的开阔海洋和海岸线边缘地带。

竖琴海豹面部宽阔，两眼靠近，有强壮而呈黑色的爪子。上半身有醒目的黑色斑纹，形如竖琴或马蹄铁状，竖琴

❄ 豹形海豹在水中交配，在冰上繁殖，每胎产 1 仔。雌性妊娠期 9 个月。繁殖期一般在 10 月底和 11 月。幼仔出生后的前 4 周，母兽会在冰流中抚育幼仔。此后不久的 12 月至次年 1 月，雌性可再次交配。雄性只管交配，并不抚育后代。

❄ **[邮票上的竖琴海豹]**

❄ 竖琴海豹别称格陵兰海豹、恋冰海豹、天琴海豹。

❋ [竖琴海豹幼仔]

竖琴海豹最出名的就是它们的幼仔，初生时全身覆盖白色胎毛，半个多月后毛色渐变为具不规则黑斑的银灰色。

海豹之名即来于此。

　　竖琴海豹一年可游 5000 千米。竖琴海豹只在繁殖季和脱毛期成群聚集，其他时间偏好独处。所构成的海豹群不具备社会性和等级体系。

世界上最大的海豹——南象海豹

　　南象海豹得名于其有一个像大象一样能伸缩的鼻子，而且鼻子会随着心情变化膨胀起来，并能发出很响亮的声音。

　　南象海豹是世界上最大的海豹，尤其是雄南象海豹，体重可达 4000 千克，身体巨大，体态臃肿，长相奇特。皮肤黄褐色中杂以灰色，看上去污秽不堪。尤其是多头挤压在一起时，犹如一个个"土堆"，夏天时成群的南象海豹喜欢挤在岸边的土坑中慵懒地消磨时光。

　　南象海豹拥有卓越的潜水能力，可在水下停留 90 分钟，能在超过 1700 米潜水深度寻找食物，最深可潜至 2300 米的深海，是仅次于抹香鲸的潜水第二深的哺乳动物。

❋ [邮票上的南象海豹一家]

2008 年联合国发行了一套海洋生物邮票，记录下了南象海豹的一家。海豹爸爸（左）和海豹妈妈（中）带领着一只小海豹，一家三口都在张嘴大喊，估计是在对话。

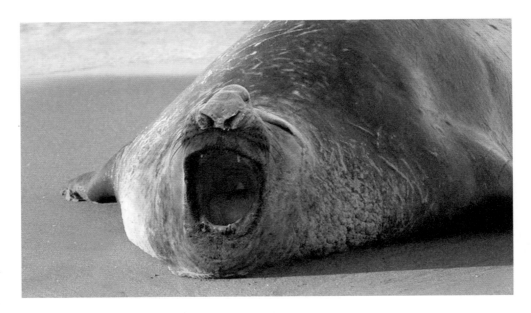

南象海豹这种神奇的潜水能力，归功于它们血液中拥有超高水平的一氧化碳，这种高水平不仅仅维持在潜水时，甚至平时休息时也是一样。

南象海豹血液中的一氧化碳的含量比人类高出10倍，比白鲸等生物高出2～3倍，而且其血液中含有大量的红细胞，红细胞在分裂或是死亡后会释放血红蛋白，进一步代谢就能释放出一氧化碳。

南象海豹体内大量的一氧化碳，能降低其体能消耗时对氧气的使用率，使得南象海豹潜水时，血液中的氧气比预期要多16%，这为长时间潜水提供了有利条件。

南象海豹的心率在潜水时会减慢，每分钟只有3次，这么慢的心跳无法持续给身体运送血液，而一氧化碳可以帮助身体组织应对潜水结束时恢复血液而带来的伤害。

❈ [南象海豹]
南象海豹以南极鱼为食，生活在南极岛屿周围，虽然南象海豹偶尔会在南极洲上岸休息，甚至交配，但是它们大量的时间是聚集在亚南极地区。

❈ 加拿大的商业性海豹捕猎是地球上对海洋哺乳动物最大规模的屠杀。猎杀者手持木棒或斧头，走近海豹当头一击，它们就会立即丧命。而且猎杀者往往只会打昏海豹后就活剥海豹皮，还有些猎杀者会直接抢过母海豹怀里的小海豹，敲昏小海豹后马上剥皮，手段极其残忍。

白腰斑纹海豚

常 / 见 / 却 / 不 / 知 / 名 / 的 / 海 / 豚

白腰斑纹海豚又名大西洋斑纹海豚，体型较大，身上有明显的色块，主要分布于北大西洋的温带和近极地海域。

白腰斑纹海豚成年体长2.7米左右，体重215千克，最大的特点就是在背部、腹部有明显的分界线。背部为黑色，腹部为白色，鳍肢为黑色，并且位于腹部白色区块内，身体尾柄两侧有黄色条纹，当其浮出水面呼吸时，通常白色与黄色斑块同时出现，在海上颇为醒目。

白腰斑纹海豚是群居性动物，可数百只组群，经常与白喙斑纹海豚、大翅鲸、长须鲸及长肢领航鲸为伍，以鱼类和乌贼为食。

白腰斑纹海豚拥有高超的"空中绝技"，快速游动中常伴有乘浪、跃空、击水等空中动作，经常跃身击浪与鲸尾击浪，每10～15秒就会浮升海面呼吸，或完全跃离海面，或稍稍破水而出。在有些地区对船只颇具戒心，但也会伴随航速较慢的船只同行，或者在快速航行的船首乘浪，有时也会乘着大型鲸造成的浪前进。

Les Dauphins

FAUNE
FLORE
MINERAUX
2011

500 FC 2011   Lagenorhynchus obscurus

Prix officiel 2500 FC

UNION des COMORES

Stenella frontalis

Inia Geoffrensis

❧ [白腰斑纹海豚
小型张——2011年]

鼠海豚 >>>

拿 / 什 / 么 / 留 / 住 / 你

鼠海豚是一种齿鲸，它的背部为黑色，腹部为白色，主要分布在北大西洋欧洲、非洲和北美洲东岸，以及在黑海、太平洋亚洲和美洲的海岸附近。

★ ✦ ★

鼠海豚体型较小，最长为 1.85 米，是一种比较小的齿鲸，在北海和波罗的海中最为常见，但数量在不断减少，成为易危性动物。

只吃鱼

鼠海豚喜欢在海岸附近约 20 米中等深度、比较平静的海域活动，它们几乎完全以鱼为食，实在没有吃的东西时还会吃蠕虫、软体动物、甲壳类动物和乌贼等生物。当然，不同海域的鼠海豚的食谱会略有不同，比如在北海，鼠海豚的食物中比目鱼占很大的成分，而在波罗的海中虾虎鱼则占很大的成分。

❧ [鼠海豚]

快枪手

鼠海豚的雄性2～3岁时性成熟，而雌性则会略晚一些。不同海域的鼠海豚的发情期也不相同，在发情时，雄性鼠海豚的睾丸体积剧增，一般鼠海豚的睾丸重2克，发情期间可以重400克以上，然后开始激动地追赶雌海豚。据1915年海科的观察写道："两海豚互相'抚摸'和'交替游泳'，雄海豚会不时地显示自己的腹部和咬雌海豚的胸鳍。交配时，它们直立在水面上，一般仅数秒钟的时间。此后前戏和交配可能再次发生。"

鼠海豚的天敌是虎鲸，其他齿鲸对鼠海豚也造成威胁，如宽吻海豚和短喙真海豚就会用头撞鼠海豚的体侧，使其重伤。

由于环境污染及捕杀等原因，鼠海豚的总数持续减少，世界自然保护联盟将鼠海豚的处境定为易危。在所有欧洲国家内，鼠海豚被列入受保护的动物名录。根据欧盟的法律，进口、运输和饲养鼠海豚都是非法的。

Neophocaena phocaenoides

INDONESIA 2005

1/4

1500

❧ [邮票上的鼠海豚]

❧ 由于非法捕捞，野生小头鼠海豚的数量仅剩97头。如果人类不采取任何保护措施，鼠海豚可能会很快永远消失。

❧ 鼠海豚身上有七鳃鳗、线虫、吸虫、绦虫和棘头动物等寄生虫。其中线虫是通过鱼进入鼠海豚体内的，在其胃中常能找到大团的线虫。而寄生在它耳中的虫会使它变聋。

❧ 鼠海豚会发出许多不同的声音，它们之间的交流使用的是喀喀声，通过分析鼠海豚的叫声，人们可以分辨出典型的定位、威胁、寻找配偶、帮助和警告危险的呼声。

海獭 ❯❯❯❯

极 / 地 / 精 / 灵

海獭是最小的海洋哺乳类动物，体型呈圆筒形，体长 1.4 ~ 1.48 米，体重 32.5 ~ 45 千克，扁平的尾部占体长的 1/4 左右，主要分布于北太平洋的寒冷海域。

獭生活在北太平洋的寒冷海域，它虽然生长在海里，但是属于鼬科动物，全身长着浓密的皮毛，每平方厘米皮肤有高达 12.5 万根毛发，这在动物界堪称之最，当然为此也引来了杀身之祸。

呆萌生物——海獭

在各式各样的卖萌盘点时，海獭以其独特的捂嘴、捂眼的造型，获得了不少的粉丝，可是，你知道海獭为什么要捂嘴、捂眼吗？

前文我们说过，海獭拥有浓厚的皮毛，但唯独手掌没有毛。因此当它们在水中感到寒冷时，会把手掌贴在有毛的地方进行体温调节，海獭和其他哺乳动物不同，它没有一层脂肪保温，而是依靠两层皮毛，让皮肤免于潮湿寒冷的侵扰。

相爱相杀的海獭伴侣

海獭实行一夫多妻制，雄海獭会在雌性与幼兽附近的水域建立自己的势力范围，在 1 个繁殖季中可能会与数只雌海獭交配。在交配的过程中，雄海獭经常会咬雌海獭的鼻子，性成熟的雌海獭在繁殖季期间鼻子会充血，较老的雌性会有明显的伤痕。

超级吃货

海獭凭借着厚实的皮毛可以下潜到水下 100 米深的海底寻找食物，它们虽然没有鲸那样锋利的牙齿，也没有金枪鱼那样坚硬的长枪，但鲜少有生物能从它们嘴下逃走，来看看它们是怎么捕食的吧！

海獭的潜水时间只有 4 分钟，所以它们要合理地利用这段时间，认准目标，动作敏捷，不耽误一秒的利落捕食，海獭主要捕食生活在海底的贝类、鲍鱼、海胆、螃蟹。人们不难发现，这些生物都有个比较硬的外壳，虽然很好捕食，但是很难下口，但这些难不倒海獭，它们会把随身携带的石块放在胸前作为砧板，用前肢敲碎贝壳。饱餐过后，海獭还会把这块石头藏在囊中，以备下次使用。这是多么聪明的行为，海獭也是唯一会使用工具的非灵长类哺乳动物。

海獭的食量非常大，每次进食大约

❋ [相爱相杀的海獭伴侣]

交配期的雄海獭极具侵略性，不仅会对雌性同伴"逞凶"，对于异族的雌性也不放过。在对海獭的长期监视过程中，研究人员发现雄海獭在制伏雌海獭时，无所不用其极地对其使用暴力手段，直到对方身体变软或是死去，然后再对其施虐。为期 3 年的调查显示，海獭尸体中有 11% 死于交配。

❋ 海獭是一夫多妻的交配制度，强壮的雄海獭会有属于自己的专属区域，这个区域中不会再有其他雄海獭，而没有"领地"的雄海獭就没有雌海獭可以交配，因此它们一旦找到交配机会，就会使用各种暴力手段对待伴侣，这是导致雌海獭死亡的主要原因。

❋ 海獭是游泳速度最慢的海生哺乳动物，在水中慢悠悠的。

❀ [海獭母子]

海獭每5年才会孕育下一代，有单胎或双胎的，哺乳期间雌海獭会照顾幼仔，幼兽约6个星期大时即开始在浅水域学习如何觅食。

❀ 海獭的皮毛一直是拍卖市场上奢侈品的代名词。早在1912年未实施禁猎之时，每张海獭皮的单价最高达2700美元。之后国际社会开始了为期55年的禁猎，直到1987年才解除。1968年，在华盛顿一次合法的拍卖会上，尼曼－马库斯百货公司以9200美元高价拍得了4张海獭皮。用这几张海獭皮制成的科贾大衣，在1970年以125000美元的价格卖给了威尔士演员里查德·伯顿。

❀ [水獭]

水獭从体型上就能够看出明显小于海獭；从皮毛上看，水獭的毛明显细软厚实，而海獭的皮毛粗厚并且密集；从生活习性上看，水獭巢穴在岸上，所以在岸上的时间比较长，而海獭几乎不上岸；水獭分布在北半球广大地域，海獭只分布在北太平洋的寒冷海域。

需要其体重25%的食物，海洋中大约有40多种生物都是它的食物，所以海獭是个不折不扣的吃货。

海獭用吃拯救世界

海獭是群体性的生物，它们喜欢以几十到几百头为种群，一起觅食、嬉戏玩耍，甚至睡觉时都会手牵手，平静地仰在海面睡觉。事实上，栖息在水中的海獭如果直接仰躺在海面，就会有随着水流漂走的可能，所以一般野生的海獭睡觉时会把海草缠在身上，避免漂走。

多数情况下，海獭缠在身上的都会是海带，因为海带是海胆、海螺的天然粮食。所以有得吃，有得睡，何必东奔西走呢？

正是由于海獭的捕食，才能够形成平衡的生态系统，大海由于健康的海藻林，形成了生物圈中吸收二氧化碳的主力军，历史上海洋的大捕猎时期，由于海獭数量的锐减，导致海藻林的退化，甚至间接导致了以海藻为食的海牛种群的灭亡，因此海獭的功能可见一斑。

海獭的数量曾经达到了100万只，然而从19世纪皮毛贸易开始之后，海獭的数量骤减，到1911年时，全世界仅存下1000多只。当人类开始保护海獭的生存环境之后，海獭的数量才逐渐恢复。如今全世界约有11万只海獭，在人类倡导保护地球及各种生物资源的同时，海獭也应该引起人们足够的注意。

海狗

多/情/的/北/极/珍/兽

海狗又名毛皮海狮、毛皮海豹或突耳海豹，因其体型像狗而得名海狗。海狗和海狮亲缘关系很近，都属于海狮大家族。

海狗因其体型像狗而得名，广泛分布于世界各地，除了生活在白令海中的北海狗，生活在南极洲、阿根廷、澳大利亚等地的南海狗外，在新西兰、塔斯马尼亚及南非等地的水域中也都有海狗的踪影。

长途跋涉的洄游

海狗体长 150 ～ 210 厘米，体重21 ～ 26 千克，体呈纺锤形，头部圆，吻部短，眼睛大，有小耳壳。皮毛较浓密、光滑，又称"皮毛海狮"。海狗的背部

❄ [南极海狗]

南极海狗又叫南极毛皮海狮，主要分布在南乔治亚岛和南桑威奇群岛，主要以南极磷虾为食，也吃南极鱼、乌贼和企鹅。其口腔内有大量细菌，若被它咬了的话，就一定会被细菌感染。

❀ [北海狗]

北海狗生活在世界上最冷的地方，是海狗科中身形最大的一种，全身长有厚实的毛皮，湿透后会闪烁发光，毛皮之下有着15厘米厚的脂肪，犹如电热毯般保持身体的温度。

❀ 北海狗长有白色长须，一根根向下耷拉，这些胡须敏锐异常，精密得如同雷达一般，能随时随地感知周围环境的变化，包括活物的运动轨迹、物体的移动速度等，帮助北海狗轻易地搜寻到食物，或者提前发现危险的信息。

❀ 北海狗幼仔只有在持续不断的食物供应及稳定的双亲抚养下，才能保持其细密牙齿的生长，一旦停止对幼仔的抚养，或是停止食物供应，导致幼仔饥肠辘辘，它们的牙齿便会暂停生长，直到再次有着丰沛的食物。

呈棕灰色或黑棕色，腹部色浅，四肢呈鳍状。海狗十分擅长游泳，出生不久后就能以每小时24千米的速度持续游5分钟，并能潜至水下73米左右的地方。海狗在陆地上行动笨拙，最快速度为每小时8千米。海狗是喜欢群居的动物，迁徙时也是成群结队的。每年春季开始，海狗就开始从北太平洋向南方洄游；而到了夏季，海狗又陆续回到北太平洋地区进行繁殖，这一来一回的过程要用到8个月左右的时间。

在不迁徙的时间里，海狗终日懒洋洋地待在冰雪中或是岩礁上晒太阳；在洄游途中，海狗凭借其与生俱来的游泳能力，灵活地在水中游弋。但它有一个有意思的习惯，就是在洄游时，始终与海岸保持至少16千米的距离，从不上岸，至于是为什么，目前不得而知。

海狗是食肉动物

海狗是食肉动物，它们的食物来源十分广泛，主要有软体动物、东方鳕鱼、阿拉斯加鳕鱼、鳟鱼、八目鳗、狼鱼及各种海鞘等。在捕食鱼类时，海狗会潜入水下，悄悄地跟在猎物的后面，随后咬住猎物。因为无法咀嚼，在偷懒时它们会直接吞下猎物，或者将其撕成小块吞下。

不明所以的习惯

在海狗的胃里常常会发现重量达200～400克的石块，对此现象，众说纷纭、莫衷一是。有说是为了调节身体平衡起到下沉的作用；有说是像鸟类一样，用石头

[海狮]

[海狗]

❄ [区分海狮与海狗]

海狮与海狗的外形比较相似，仔细看左边这两张图就会发现，海狗的嘴比海狮的短；海狮是没有皮毛的，而海狗则有厚密的皮毛。人们在动物园中经常看到的一定是海狮，因为海狗性子野蛮，不会学艺，而海狮则不同了，顶球的动作非常到位。

磨碎食物，起到帮助消化的作用。在这些解释中，消化作用似乎是一个颇有道理的解释，但是，在幼小的、以母乳为食的海狗的胃中也发现相当多的石子，这就使得以上说法难以自圆其说，所以迄今为止并没有一个令人信服的答案。

啼笑皆非的繁殖期

海狗的繁殖期从每年 5 月份开始，此时雄海狗通过之前的积累，已经个个长得又肥又壮，它们率先来到靠近雌海狗的繁殖场地开始抢占地盘。直到 3 ～ 4 个星期后，雌海狗才慢慢到来。强健的雄海狗便开始争夺雌海狗。繁殖期是展现能力的时候，每只雄海狗所拥有的"妻妾"数并不相同，有的仅和一只雌海狗结缘；而强壮的雄海狗，则有着数量庞大的"后宫美人"，最多时可达 100 只雌海狗。

雌海狗生下小海狗后，又开始新一轮的发情期，便与新晋"丈夫"交配。强壮的雄海狗很快就能让雌海狗再次受孕。而有些"年老体衰"的雄海狗，为了能够保证让伴侣受孕，往往会多次与雌海狗交配，这个过程想必不太美好，

导致有些雌海狗忍无可忍，就离它而去，找寻年轻力壮的雄海狗。"妻妾"如云的雄海狗，在享受齐人之福的时候，也会日夜看守"家宅"，以防有其他雄海狗入侵。

时间来到 8 月，所有的海狗家庭纷纷解散，雄海狗也下水去捕食猎物了，它们已经变得十分瘦弱，因为自 5 月份以来，它们并未吃过任何东西，都在角逐"交配权"。

❄ 海狗皮，俗称"海龙皮"，毛皮显棕色，质地纤细柔软，富有光泽度。过去北海狗的皮常被用作因纽特人的护身背心及防冻皮靴，20 世纪末因北海狗种群全面受到沿岸各国的保护，其皮制品开始变得千金难寻。

❄ [海狗制品]

在我国的中医药典籍中，海狗又被称为腽肭兽，因为雄海狗的睾丸和阴茎，俗称海狗肾即腽肭脐，可以和其他药物一起配制成中药。

❄ 18 世纪以来，欧洲的王室贵族大量使用海狗鞭滋补身心，致使海狗遭受疯狂掠杀。据此，相关国家政府和国际组织曾颁布严禁捕杀海狗的法令。

[北极露脊鲸]
北极露脊鲸又叫"弓头鲸"，主要生活在北冰洋及临近海域中，因此也被称为"北极鲸"。它们喜欢慢悠悠地将大部分背脊露出来，因此而得名。

北极露脊鲸

自 / 然 / 界 / 老 / 寿 / 星

北极露脊鲸是世界上最稀有的鲸，全世界不到 6000 头，濒临灭绝，属于严禁捕杀对象。

当北极露脊鲸浮到海面上时，其背脊几乎有一半露在水面上，而且背脊宽宽的，它的名字便由此而来。此外，北极露脊鲸还有一个独特的标志——喷射出的水柱是双股的，而其他鲸类都是单股的。

北极露脊鲸是露脊鲸四大家族中最大的种群，它们生活在北冰洋、白令海和鄂霍次克海中，但在冬季也可能会在往南一些的海域出现。

老鲸可达 21 米

北极露脊鲸是个大头娃娃，头占身体的 1/4，另外还有细长的胡须，好似龙王爷的胡子。从远处看，它的身体呈纺锤形，体形肥胖无背鳍，找不到脖子，鳍肢桨状或匙形，尾鳍宽约 8 米。成体平均长 15～18 米，老鲸可达 21 米。

队形整齐的捕食方式

北极露脊鲸在进食时，会三三两两的，最多可达十多条，自动集结成一个梯队，一个接一个地排着队，并从侧面偏出半个至三个体长的距离。它们张着大嘴，下颚以不同角度下垂，有时与上颚之间形成 60 度的角度。大量的海水会将虾群和鱼群灌入北极露脊鲸大大张开的嘴里。在此期间如果有吃饱的队友离开，会有其他的北极露脊鲸自动补上这个位置，就这样轮流替补着，这样的队形会一直保留好几天，才慢慢散去。结队摄食可使北极露脊鲸捕食到其他方法不能捕食到的食物。当然有时也有一些单独进食的北极露脊鲸，但是只要两条以上在一起进食，它们就会自动编队。

用歌声打动对方

大多数鲸求爱时会从嗓子里发出一种声音来吸引对方。不过科学家发现，北极露脊鲸虽然也不例外，每当求偶时其嗓子中也会发出声音，但是它们的不同之处是有时可以用多种嗓音来唱，并且能将两种完全不同的声音混在一起。更令人惊奇的是，这种鲸并没有延续一样的歌曲，它们能够不断改进歌曲，创造出更为复杂的曲子，越嘚瑟越能吸引异性。

一个来自 19 世纪 3.5 英寸老式鱼叉的尖头

尽管专家估计鲸的年龄能达到 200 岁左右，但是通常能找到超过 100 岁的鲸已经非常难得。不过在 2007 年 5 月，人们在美国阿拉斯加海岸捕杀了一头身长约 15 米，体重约 50 吨的雄性北极露

❀ **[露脊鲸喷水]**

不管是影视还是书籍等作品中，都会将鲸喷水作为特征出现在较为明显的位置，可是事实上，鲸喷出来的不是海水，而是气体。

因为鲸是哺乳类动物，和人一样是必须呼吸的，所以每当鲸浮出海面只是为了要呼吸，也就是所有的鲸都会喷水！其所喷出来的是体内的废气，当体内的废气排出后，接触到外面的冷空气，就变成白雾状，这和寒冬中人们口中会吐出白气是一样的道理。

❀ 露脊鲸共分四种：北方露脊鲸、南方露脊鲸、水露脊鲸和北极露脊鲸，其中北极露脊鲸是最大的种类。

脊鲸，在其骨头里发现了一个来自19世纪3.5英寸（约9厘米）老式鱼叉的尖头。而这种鱼叉在1895年后已不再使用，这可以证明早在一个多世纪以前，这头北极露脊鲸就曾经躲过类似的捕杀。后来专家根据箭头并结合相关数据得出结论：这头鲸年龄应该在115～130岁之间。这也是迄今人们对鲸年龄"最精确的测算"。

面临灭绝的原因

造成北极露脊鲸越来越少的原因大致有以下几种：

首先，雌鲸在6～12岁才性成熟，而且3～5年只生产一次。生殖和产子均会在冬季时进行。怀孕期约1年，这对北极露脊鲸繁衍下一代都是很严峻的考验。

其次，北极露脊鲸游泳很慢，最快时也只有时速5海里，很容易被猎物追杀。

最后，北极露脊鲸最大的敌人是虎鲸和人类。当有危险时，一群北极露脊鲸会围成一圈，尾巴朝外，以威慑住敌人。但是这种防御并不是常常成功，偶尔幼鲸会被与母鲸分离并被杀。

❧ [纪念币上的
北极露脊鲸]

❧ 众所周知，捕鲸是因纽特人的文化核心，因纽特人的历史是跟捕鲸分不开的，正是因为捕鲸，他们才得以在寒冷的环境中生存下来，因纽特人的捕鲸，主要是指猎杀北极露脊鲸。

❧ [北极露脊鲸]

海象

北 / 半 / 球 / 的 / 土 / 著

在北极海域最原始的土著动物要算是海象了。它们以北极海域为起点，为了寻找食物，渐渐地向周边海域迁徙，使族群渐渐壮大。

★ ❧❧❧ ★

海象的分布

海象分布在以北冰洋为中心，也包括大西洋和太平洋的最北部一带海域，向南最远的记录在北纬 40 ~ 58 度。生物学家们把海象分成两个亚种（也有分成四个亚种的），即太平洋海象和大西洋海象。它们每年深秋开始去气温相对暖和的南方，一直到第二年的 5—7 月，又开始北上回归寒冷的北极。

体型庞大

生活在北极的海象和大家熟知的大象一样也是个体型庞大的动物，它们是海洋中除了鲸类以外最大的动物，雄兽体长 3.3 ~ 4.5 米，体重 1200 ~ 3000 千克，雌兽较小，体长一般为 2.9 ~ 3.3 米，体重 600 ~ 900 千克。其寿命为 30 ~ 40 年。

❧ [海象]

海象和大象一样，有着长长的獠牙，皮肤粗糙，行动缓慢，并有着憨憨的样子，与大象不同的是，海象没有强壮的四肢，它们为了适应水中生活，四肢已退化成鳍状。不能像大象那样步行于陆地上，仅靠后鳍脚朝前弯曲，以及獠牙刺入冰中的共同作用，才能在冰上匍匐前进。海象也没有大象那样长长的鼻子和大大的耳朵，而且眼睛也很小，好像总是在打盹儿。看起来会让人觉得有点丑陋。

❦ [海象幼仔]

成年的海象拥有两根长长的獠牙，还未长大的海象幼仔与海豹非常相似。海象身体呈圆筒形，头部扁平，眼睛小，没有外耳壳。肉乎乎的四肢颇似鱼鳍，利于游泳。一般在两岁左右，幼仔的獠牙长到一定程度，才能独立生活。

❦ 为了抵御北极圈内异常寒冷的海水，海象的皮下脂肪层很厚。当海象逗留在冰冷的海水中时，体内的毛细血管收缩，血液在脂肪层下面流动。缺少血液的脂肪层，看上去是白色的，这些脂肪起到了保暖作用。不过，一旦海象从水里冒出来，如果又适逢夏天转暖，海象的毛细血管便会迅速膨胀，皮肤看上去就会又深又红。

❦ 海象体型庞大，而且擅长游泳，在海洋中处在生物链的较高层，但也有不少天敌，比如大白鲨、虎鲸和北极熊。

万能工具——象牙

海象的万能工具就是它长长的獠牙。这是两枚上犬齿，从它的上颌长出，尖部从两边的嘴角垂直伸出嘴外，形成獠牙，并且终生都在不停地生长。雄性的象牙可以长到 75 ~ 96 厘米，雌性的象牙一般不超过 50 厘米。

獠牙除了可以防御来犯的敌人或者抢夺领地，掘取躲藏在泥沙中的蚌蛤、虾蟹等食物，还可以凿开厚厚的冰层，在推动猎物或爬上冰块时支撑身体，所以又有"象牙拐杖"之称。总之，海象的象牙是它的万能工具，哪里需要就在哪里使用。

会变色的体表

大家都知道变色龙可以根据环境的

颜色而改变身体的颜色，而海象却能根据温度的变化改变自己身体的颜色。

在海象身体上没有被毛发覆盖的区域正常呈现灰褐色或黄褐色，但在冰冷的海水中浸泡一段时间后，由于血管收缩，其体表会变成灰白色，而登上陆地后，血管开始膨胀，其体表又慢慢地转变为原来的颜色，假如晒一会儿太阳，其颜色还会慢慢加深，变成棕红色。

海象群体的警报系统

海象一般会群体栖息，在冰冷的海水中和陆地的冰块上过着两栖的生活。海象群可以十几头、数百头到成千上万头，海象在陆地上大多数时间是睡觉和休息。如果海象群开始睡觉，那么必定会安排一头海象值班，海象的视觉较差，但嗅觉与听觉却颇为敏锐。一旦发现有来犯者，值班的海象会发出公牛般的嚎叫声，用来唤醒同伴，同时用獠牙推醒深睡的同伴，醒来的再推醒其他的同伴，并依次传递临危警报。如果群体较大，放哨的还常常在水里游动，不断探出头来监视周围的情况，非常尽职尽责。

繁殖季节

到了繁殖季节，海象们就会在海滩上建立自己的领地，最强壮、最年轻的雄海象往往会占据最好的位置，这样的雄海象会占有很多雌海象。而那些体能弱小一点的雄海象，只能孤零零地待在

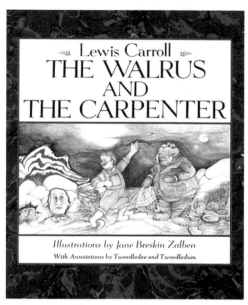

❄ [经典童话《海象与木匠》]

这是《爱丽丝镜中奇遇记》中的一个经典童话，故事中海象和木匠吃掉了曾经跟他们交朋友的牡蛎。

❄ [邮票上的海象]

陆地以外的浮冰上或者孤立的岩石上，可见，没有家园的雄海象，在这一个繁殖季又只能是光棍一条了。

在繁殖季节，海象的领地不是一成不变的，总会有些来犯者，遇到这样的情况，讲理是没有用的，只有靠武力来解决，输掉的或许会受伤，最后连自己的领地也被其他海象瓜分。

在宣告领地建立后，雄海象就开始在海水中跳舞，它们会像鲸一样发出美妙的声音，来吸引异性。

母爱大于一切

雄海象的性成熟年龄为 6 ~ 8 岁，雌海象 5 岁即可产仔。雄海象在过了交配季后就会离开，雌海象每 3 年产一胎，妊娠期为 11 ~ 13 个月，幼仔于 4—6 月产于海滩上，出生的幼仔会一直跟随着雌海象成长，哺乳期长达 18 ~ 24 个月。在此期间，如果幼仔遇到危险，雌海象就会拼命营救，甚至与凶猛的北极熊搏斗。雌海象还会用前肢抱住受伤的幼仔，藏到安全的地方。海象母子就这样相依在一起生活，时间持续两年以上，直到幼仔的獠牙长到能足够保护自己的长度，雌海象才会依依不舍地让小海象离开。

海象种群现状堪忧

随着人们对海象牙需求量的不断上升，海象的生存境遇受到毁灭性打击。海象种群数量急剧下降，从以前的几百万头锐减到 7 万头以下。而且海象对海洋环境的变化特别敏感，由于大规模油气开发，使海象的栖息地也受到了污染，导致有些地区的海象已无法继续生存下去而绝迹，其分布区逐渐在缩小。

[独角鲸]

❉ 独角鲸的长牙并不是用来猎食的，而是用来与同伴相互较量，最强的雄独角鲸以长牙的长度和围度，获得众多雌鲸的青睐，其牙齿越长、越粗，代表它在鲸群中的地位越高。

独角鲸
海/洋/独/角/兽

西方神话传说中有一种奇异的动物——独角兽，额头中间长着一根螺旋状的犄角，被欧洲人奉为神灵；在中国神话传说中，也有这样类似头上长着独角的动物，如貔貅"其身形如虎豹，其首尾似龙状，且头生一角并后仰"。这些长独角的动物都是出现在神话传说中。在现实生活中，寒冷的北极就生活着这样的一种动物——独角鲸。

 角鲸又名一角鲸，是群居动物，主要生活在大西洋的北端和北冰洋海域，在格陵兰海也曾发现少量的独角鲸，大都生活在北极圈以北，以及冰帽的边缘，很少越过北纬70度以南。

独角鲸的头部小而圆，嘴喙不明显，额隆突出，在嘴前方小幅度上翘。体色会随着年龄显著地变化，初生者呈斑污灰色或棕灰色，1～2岁时为紫灰色，到性成熟时，腹部会出现许多白色斑块，成鲸在灰色的底色上带有黑色或暗棕色的斑块；老鲸则几乎通体全白。独角鲸一般可活到50岁。

独角鲸的角并不是角而是牙齿

独角鲸的角并不是长在额头，而是从嘴里长出来的长牙。长牙大部分都是中空的，很脆弱。独角鲸的长牙同大象和疣猪的弯曲牙齿不同的是，它的牙齿天生就是直的。

大多数雄独角鲸1岁后会从上颚左侧的牙齿长出一根长牙，长牙的螺旋都呈逆时针方向，平均长度为2米，也有少部分会长出两颗长牙。大多数的雌鲸都没有长牙。

独角鲸群的组成方式

独角鲸喜欢群居生活。大部分会组成1～25头左右的小族群一起生活，也有能达到上百头甚至数千头的族群。独角鲸的族群之间可是有严格分界的，一般雌性和雄鲸分别和幼鲸组成小团队，或者单独组成雌性的和单独雄性的独角鲸群，很少见到雌雄混搭的独角鲸群。

玩耍中确定地位

独角鲸平时会经常用长牙互相较量，它们的这种较量不是为了争夺什么，而是在玩耍打斗，都不会刺伤对方，通过这种玩耍打斗的过程，慢慢确立独角鲸在族群内的社会地位。

❧ [独角鲸的长牙]

独角鲸的长牙和人类的牙齿一样，里面有牙髓和神经，牙管里还有类似血浆的溶液，但人类的牙齿整个都是坚硬的，而独角鲸的长牙是外软内硬的。研究人员认为这种组织结构可以充当减震器，防止长牙的断裂。仔细看上图还可以发现，这根长牙并不是光滑的，它长有螺旋花纹，通过这种组织，独角鲸可以在几千米外感觉到海水的细小变化。

最强的雄鲸，通常也是长牙最长、最粗者，可以与较多的雌鲸交配。独角鲸的性成熟年龄为4～7岁，它们是季节性繁殖者，交配季在3—5月，雌鲸的妊娠期长达15个月，一直至次年的7、8月间产仔，每胎产一仔，再次产仔通常间隔3年。

虽然独角鲸没有濒临灭绝的危险，但是它们的天敌也很多，比如虎鲸、海象、北极熊与鲨鱼等，其最可怕的天敌是人类。

因纽特人捕杀独角鲸已经有好几个世纪的历史了，他们获取独角鲸的长牙，将皮作为美食享用，肉用来喂养爱基斯摩犬，鱼脂和肥油用来点灯和燃烧。

❧ [加拿大发行的独角鲸纪念币]

❧ 作为欧洲最古老的王室，哈布斯堡王室对独角鲸的长牙十分喜爱，他们曾经用一根独角鲸的长牙制成了一根象征至高无上皇权的节杖，并在上面镶嵌了钻石以及各种红、绿、蓝宝石。

❧ 16世纪时，英国女王伊丽莎白一世曾经以1万英镑的价格收藏过一根独角鲸长牙，这个价格在当时足够修建一座完整的城堡了。

白鲸

海 / 洋 / 金 / 丝 / 雀

白鲸可以生活在寒冷的北极，也可以生活在温暖的江河口，它们不但拥有优美的外形、温顺的性格，还有着让其他动物望尘莫及的口技本领。

海洋金丝雀

❀ 雅克·卡提尔是法国著名的探险家，在1534年发现了爱德华王子岛。在次年当他带着探险队来到圣劳伦斯河时，这里的白鲸载歌载舞，并发出悠扬的叫声欢迎他们，这让雅克·卡提尔一行人惊叹不已，所以给这种美丽的动物起了个响亮的外号"海洋金丝雀"。

❀ 白鲸主要以鱼类（鲑鱼、鳕鱼、鲱鱼等）、头足类（鱿鱼、章鱼等）、甲壳类（虾、蟹）、海虫，甚至大型浮游生物为食。

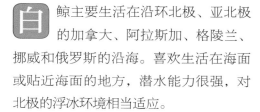

白鲸主要生活在沿环北极、亚北极的加拿大、阿拉斯加、格陵兰、挪威和俄罗斯的沿海。喜欢生活在海面或贴近海面的地方，潜水能力很强，对北极的浮冰环境相当适应。

白鲸属于一角鲸科，但没有一角鲸那根长牙，只是在额头上长有一个向外的隆起。白鲸皮肤粗糙，初生时的体色为暗灰色，随着年龄的增长体色会逐渐转变成灰、淡灰及带有蓝色调的白色，

❀ [白鲸]

长到 5 ～ 10 岁时体色会完全变成白色。成年的白鲸在夏季发情时皮肤会略微有些发黄，但是发情期一过就会褪去这层黄色。

像候鸟一样的迁徙

众所周知，自然界的候鸟为了躲避冬天的严寒，飞向南方越冬，待到春季寒冷退却，又重新飞回北方，候鸟的这种定期往复的行为人们称之为迁徙。

白鲸也像候鸟一样，有迁徙的习惯。只不过它们是在夏季向北迁徙。每年7月左右，成千上万头白鲸便开始向纬度靠北的地方迁徙。它们少则三五成群，多则一群几万头浩浩荡荡，在嬉戏和游玩中奔向目的地。

不过也有一些例外，有些白鲸不但没有跟着队伍北上，而是选择了南下，这种现象科学家们一直没有合理的解释。

鲸类中的"口技专家"

白鲸是鲸类王国中最优秀的"口技专家"，会发出各种各样的声音，高达几百种之多，有猛兽的嚎叫；有牛的低吼；有猪的呼噜声；有马的嘶鸣声；还有女人的尖叫声、病人的呻吟声、婴孩的哭泣声；白鲸甚至还能发出类似铰链、车鸣、船鸣的声音。

白鲸发出各种叫声，不仅仅是为了自娱自乐，还是同伴之间沟通、交流和传递信息的一种方式。

[鲸邮票套装]

上左：白鲸；上右：独角鲸；下左：抹香鲸；下右：座头鲸。

❧ 对因纽特人来说，白鲸也是非常重要的，不仅因为其肉好吃，而且它们的油用来点灯不仅明亮，还能释放出大量热量，使简陋的冰屋保持温暖。除此之外，白鲸的皮也很有用，它会发出一种香味，可以制成各种装饰品。

❧ 白鲸具高度群居性，会形成个体间联系极为紧密的群体，通常由同一性别与年龄层的白鲸所组成，另外也有规模较小的母子对白鲸族群。

爱干净的白鲸

经过长距离的迁徙，到达目的地后，白鲸们显得十分兴奋，它们忘却了长途的疲乏，纷纷潜入水底，不停地翻身打滚，在沙砾或砾石上摩擦身体。它们不停地翻身，每天长达几个小时，几天以后，白鲸身上的老皮肤全部蜕掉，换上白色的、整洁漂亮的新皮肤，体色焕然一新。

繁殖方式

雄鲸性成熟为 7～9 岁，而雌鲸为 4～7 岁，繁殖季一般在 2 月末到 4 月初，妊娠期持续 14 个月，幼兽在 5—7 月出生，幼仔全身暗灰色。雌鲸分娩时，会有护卫的鲸群在周围巡视，分娩完成后，鲸群会留下育幼雌鲸后撤离，幼仔要生活在 10℃ 左右的水域，因为它们没有御寒鲸脂。幼仔被两条成年雌鲸护在中间，由它们顺水流拖着游动。白鲸的哺乳期为 1.5～2 年，生殖间隔为 2～3 年，雌鲸一直到 20 岁出头才停止生育。

天敌

白鲸的天敌是虎鲸与北极熊。北极熊一般等待在白鲸受困冰层的出气口周围，以其强有力的前掌重击白鲸后将它们拖到冰面上食用。虎鲸则在每年 8 月左右到来，它们攻击白鲸的方式和北极熊有所不同，它们的攻击更直接凶猛。

当然，对白鲸最大的威胁来自人类的捕杀。自古以来白鲸都是北极地区人类社会的重要商品，为当地原住民提供了食物、燃油、皮革等物资。由于捕鲸的高额利润，捕鲸者对白鲸进行了疯狂的捕杀，致使白鲸数量锐减。更加可悲的是，白鲸的生态环境遭到了毁灭性的破坏，一批批白鲸相继死亡。

白鲸是珍稀海洋哺乳动物，全世界仅存不足万头。为了保护白鲸，大多数地区都已有严格的捕猎管制。

超强的模仿能力

跟人生活久了，动物都会学习人类的各种行为，白鲸也不例外。美国加州圣地亚哥市国家海洋哺乳动物基金会饲养的一头白鲸，一直在学习人类讲话，不停地发出"说话声"，甚至还能准确地发出"出去"的声音，这是一头名为"诺克"的白鲸，或许我们可以期待将来的某一天，可以跟它有更深入的"交谈"。

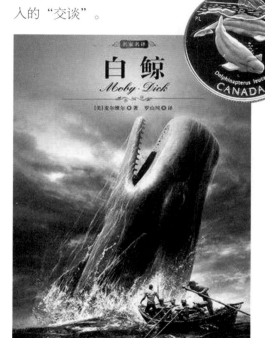

[《白鲸》——图书封面]
《白鲸》（Moby Dick）是 19 世纪美国小说家赫尔曼·梅尔维尔（Herman Melville, 1819—1891）于 1851 年发表的一篇海洋题材的长篇小说，小说描写了亚哈船长为了追逐并杀死白鲸（实为白色抹香鲸）莫比·迪克，最终与白鲸同归于尽的故事。

座头鲸

海 / 洋 / 神 / 秘 / 歌 / 手

座头鲸是众多海洋巨兽之一，广泛分布于世界各地的海洋中，因醒目的外貌和醉人的歌声而让人印象深刻。

座头鲸，其"座头"之名源于日文"座头"，意为"琵琶"，指鲸背部的形状。座头鲸身体短而宽，一般长达13～15米，性情温顺，游泳速度非常慢，每小时为8～15千米。

长臂罗汉：区别于其他鲸

座头鲸最让人难忘的不是其"琵琶"形状的背部，而是它拥有鲸类最长的鳍，在游泳时，会用惊人的力量冲向天空，并以背部入水，入水时激起巨大的浪花，所以颇受观鲸者青睐。有经验的观鲸者

❧ 据新西兰环保部门统计，自1840年以来，已有超过5000头鲸豚在该国海岸附近搁浅。专家们迄今仍未能查出它们搁浅的原因。

2007年，有101头座头鲸在同一海滩上搁浅。

2010年8月，58头座头鲸在新西兰凯里凯利海滩搁浅，在数百人的帮助下，只有9头鲸回到大海。

2010年10月，80多头座头鲸在新西兰北部海滩搁浅，其中至少有40头不幸死亡。

❧ 在19世纪的时候，有捕鲸船宣称见过最长的一头座头鲸鳍长达10米。

能够通过座头鲸的长鳍和尾鳍，把座头鲸和其他鲸区分开来。

座头鲸拥有与自己身体 1/3 长的鳍，目前所知的最长的一对鳍长达 6 米，有的甚至更长。看到这里，人们不禁要问了，座头鲸为什么要长巨鳍呢？

有学者认为，座头鲸的巨鳍就像长橹，可以推动座头鲸笨重的身体进行长距离的迁徙，但自然界中比座头鲸更大的蓝鲸、长须鲸却没有进化出这么长的巨鳍，而且鲸前进的推动力是靠尾部而不是长鳍；还有一些学者认为，这对巨鳍在洄游到热带水域时，可以快速地排出身体多余的热量 …… 五花八门的猜测，都是各执一词，始终没有一个让人信服的解释。

长毛的鲸：敏锐的感官

我们知道海洋中的海豚、鲸类大多都是光溜溜的，少数须鲸只在头部下有喉腹褶（就是下巴上一条一条的那些，是为了撑开下巴、兜住更多的海水而形成的类似于手风琴的褶皱），但也都是光滑的。而座头鲸却不是这样。它的头部有许多明显的高尔夫球大小的突起，这些突起总会长有几根 1 ~ 3 厘米长的粗硬刚毛。为什么别的鲸没有，而座头鲸长毛呢？研究人员猜测，这些毛发可能像人的汗毛一样，为鲸身提供了敏锐的感官，可以增强猎食时的触感，虽然增大了游动的阻力，但也成就了座头鲸与其他鲸豚的不同。

❧ [座头鲸的腹部]

❧ [邮票上的座头鲸]

英国皇家邮政曾发行了一套以濒危哺乳动物为题的邮票，座头鲸赫然在列。

座头鲸没有牙齿：一样可以吃到美味

简单粗暴的进食方式：座头鲸以磷虾为主要食物，此外还会吃鳞鱼、筋鱼和其他小型鱼类，这是因为它的食道直径小，不能吞下较大的食物。座头鲸没有牙齿，捕食时利用擅长的吐气泡的方式，阻挡鱼群的前进，然后再冲入鱼虾群，张开大嘴狠狠地吞下一团海水，然后过滤掉海水，这种简单粗暴的进食方式，在鱼虾群密集时非常有效，但若是在鱼虾群密度不高的区域，效率就有点低。

虎鲸捕食后面的黄雀：俗话说"螳螂捕蝉，黄雀在后"，在虎鲸捕食的背后，也存在着这样一群"黄雀"，它们就是座头鲸。

在虎鲸捕食时，会发出各种各样的声音，可能它们是在听口令、整队形吧，但是座头鲸能根据这种声音，准确地知道虎鲸们的猎场。在虎鲸们马上就要大功告成时，座头鲸会快速冲出，窃取胜利果实。若是虎鲸们捕食的猎物不符合座头鲸的口味，它们也会悄然撤退。

❧ 座头鲸进食的方法有以下几种：一种是冲刺式进食法，将下颚张大，侧着或者仰着身子朝鱼虾群冲去，然后把嘴闭上，下颚下边的褶皱张开，吞进大量的食物。第二种是轰赶式进食法，将尾巴向前弹，把鱼虾赶向张开的大嘴，在鱼虾密集时候这种方法非常管用；第三种就是吐气泡的方式，从大约15米深处螺旋向上游动，并吐出许多大小不等的气泡，使最后一个气泡与第一个气泡同时上升到水面，形成气泡网，将猎物逼向网的中心，然后一口吞下。

❧ 座头鲸为一夫一妻制，雌兽每2年生育一次，怀孕期约为10个月，每胎产一仔。当雌兽带着幼仔时，雄兽会紧跟其后，防御入侵者。座头鲸还是长寿动物，其寿命可达60～70年。

❧ [座头鲸的尾鳍]
座头鲸是海洋中的特技演员，它们似乎相当享受用鳍一次次拍打水面，用背部翻滚或用尾部重重击打海面，激起巨大的水花——这种行为被称为"尾击浪"。

❧ 座头鲸在越冬期间好几个月都不进食，为了维持体能，在夏季就要吃大量的食物，常常可以连续吃上18个小时。

聪明发达的大脑：有规律的洄游

座头鲸属于须鲸类，一般认为须鲸类不如海豚等齿鲸类聪明。然而科学家们在座头鲸的大脑中发现了一种特殊的神经细胞，这种细胞以前只在人类、类人猿以及海豚等的聪明大脑中发现过。研究人员发现座头鲸的整个大脑皮质的复杂程度并不逊于海豚。最能说明其大脑发达的就是它的导航系统。

座头鲸每年都会进行有规律的南北洄游，夏季洄游到冷水海域索饵，最远的地方可以到达极地海域；冬季会回到温暖海域繁殖，其洄游期不进食。

很多动物在进行远距离迁移时会利用地球磁场或太阳方位进行导航，然而科学家发现座头鲸的导航能力已经超越了这两种方式，或许是多种导航能力的组合方式，使得座头鲸每年上万千米的洄游从不迷路，并且几乎成直线来回，而且偏离洄游路线不会超过 5 度。这种现象是一直困扰科学家们的难题。

海洋歌手：声音会因地域的不同而不同

鲸类都没有声带，其发出的声音是气体通过鼻腔发出的，往往只是几种单一的声响。而座头鲸的声音会因地域的不同而不同。比如，整个北大西洋的座头鲸几乎都在哼同一首曲调，而太平洋的座头鲸则分成好几个调子。它们还会进行"艺术交流"，比如印度洋的座头

❦ [邮票上的座头鲸尾鳍]

❦ [座头鲸纪念币——1980 年]

由汤加在 1980 年发行的海洋资源管理纪念硬币，上面的生物就是座头鲸。

鲸移居到澳大利亚的太平洋海域后，不出三年，澳大利亚的座头鲸就放弃了它们的传统曲目，改唱这些外来户带来的新曲。

座头鲸能够发出的声音频率非常广，会发出 20 ~ 10000 赫兹范围的声音，能够将各种频率组成多变的节奏来哼唱，其复杂程度在整个动物界中都位居前列。由此可见，座头鲸不愧为"海洋歌手"。

目前科学家们研究发现绝大部分唱歌的座头鲸都是雄性，它们每年中约有 6 个月时间整天都在唱歌，但是科学家们也不否认雌性座头鲸应该也会唱歌，只是比较委婉温雅，被淹没在雄性的歌声之中，不为人们所察觉。科学家们认为这些歌声可能是座头鲸相互沟通的途径，也可能是取悦异性的一种方式。

南极小须鲸

团/伙/捕/猎/者

南极小须鲸分布在南半球的海洋，夏天它们会接近南极，冬天则向北迁徙，与侏儒小须鲸的栖息地重叠。

南极小须鲸主要分布在南极洲附近，是最细小的须鲸之一，背部呈深灰色，腹部白色，腹部有两条浅灰色斑纹沿两侧向上延伸；胸鳍深色，边沿白色。南极小须鲸比小鳁鲸稍大，平均长7.2～10.7米，体重5.8～9.1吨。

先进的捕食方式

南极小须鲸会小规模地组团，有时也会组成大的捕猎群，在冰下围捕南极

❀ [南极小须鲸]

小须鲸的胸鳍中央部分有一条宽20～35厘米的白色横带，南极小须鲸没有此白色横带。

磷虾或糠虾。

南极小须鲸的捕捞方式很科学，它们会提前潜伏在冰下，每隔200～300米用喙在冰层上开个洞，然后就憋气钻入水下，开始团队围捕、享用猎物，它们会每隔2～5分钟从预先开好的冰洞探出脑袋换气，然后再钻入冰洞继续享用食物。

低危物种

南极小须鲸被世界自然保护联盟列为"缺乏"物种，截至2004年的数据显示，其数量大约降了60%，成为"低危物种"了，南极小须鲸的减少，除了因为南极磷虾减少而引起的连锁反应，有些国家

❧ 南极小须鲸和小鳁鲸一样有10个月的妊娠期，随后产出2.7米长的幼鲸。幼鲸跟随雌鲸长达2年，哺乳期为3～6个月。雌鲸负责孕育、照顾和保护幼鲸，雄鲸则撒手不管，不提供亲代抚育。雌鲸的乳汁包含乳糖和几种低聚糖，其中一些从没在其他哺乳动物身上发现过，这些低聚糖能增强幼鲸的免疫力。

❧ [南极小须鲸的腹部]
南极小须鲸的腹部有像座头鲸那样的褶皱，而且是白色的，与其近亲的小鳁鲸有着明显的区别。

❧ [邮票上的南极小须鲸]
2005年新西兰邀请5位专业摄影师，将他们拍摄的罗斯岛的照片发行为邮票，上图就是其中之一。

和团体无视国际公约，为商业利益而野蛮捕捞的行径，也是造成南极小须鲸成为"低危物种"的原因。

诡异的水下叫声

水下考察队员曾在南极海域发现，每到冬天和春天就会出现一种"仿鸭叫"的噪声，这种重复的低频噪声被记录下来。现在有了确凿的证据，表明这种声音来源于南极小须鲸。

虎鲸
聪 / 明 / 的 / 捕 / 食 / 者

虎鲸分布在从赤道到极地的所有海洋区域，虎鲸拥有高度社会化的捕食技巧，并且会用声音交流，虽然长相萌萌哒，但却有"杀人鲸"的别称。

虎鲸是一种大型齿鲸，背部为黑色，腹部为白色，头部略圆，背鳍高高耸立。雄性成年虎鲸的体长为 8 ～ 10 米，体重 9 吨左右。虎鲸虽然名字中有个"鲸"字，但其实是被划分到了齿鲸小目中的海豚科中。

母系社会形态

虎鲸是高度社会化的动物，有 2 ～ 3 头一起的，也有 40 ～ 50 头一群的，根据生物学家对位于美国华盛顿州与英属哥伦比亚的定居型虎鲸群的研究发现，虎鲸群是一个小型的母系群体。

在这个群体中，由几头血缘关系相近的虎鲸组成，由最为年长的雌鲸领导，并将家族智慧在鲸群中传承。

虎鲸群内部分工明确，雌鲸负责养育年幼的虎鲸，雄鲸负责出去寻找食物，引导鲸群集体猎杀。

虎鲸群中没有父子和父女的关系存在，只有母女、母子关系，而且这种关系非常稳定。这些虎鲸一辈子都不会离

❀ 虎鲸又叫逆戟鲸、杀人鲸，头部较圆，它没有突出的吻部，鼻孔在头顶的右侧，有开关自如的活瓣，当浮到水面上时，就打开活瓣呼吸，喷出一片泡沫状的气雾，遇到海面上的冷空气就变成了一根水柱。

❀ [虎鲸——《黑鲸》剧照]

纪录片《黑鲸》讲述了一头虎鲸被驯化后，被带往各地演出，因不堪海洋馆安排表演的繁复和饥饿的巨大压力，多次杀人的故事。这头虎鲸名叫Tilikum。

❀ 虎鲸 Tilikum 的事件被曝光之后，该海洋馆不堪各方压力不得不宣布将永久终止馆区虎鲸的繁殖和表演计划。虎鲸 Tilikum 并未因此而获得好的生活，因为不久之后，它就死了，或许死亡对它而言是一种最好的解脱方式。

开鲸群，它们在一起旅行、用食，以种群为社会组织，互相依靠着生存长大。只是偶尔会加入其他鲸群进行交配，之后还是会回来。

聪明的捕食：不会动其他家族的食物

南极被称为虎鲸之都，这里有许多不同"家族"的虎鲸，在南极有它们爱吃的企鹅、鳕鱼等。虎鲸的大脑非常发达，同时身体拥有强大力量，凭借这些优势，它们能够追赶和捕杀海洋中的很多顶级捕食者。其中就包括令很多动物闻风丧胆的大白鲨和灰鲭鲨。

不同家族的虎鲸的捕食技巧与猎物大相径庭，但大家都会遵守一个规则，那就是不会动其他家族的食物。

猎食海豹

曾经有科考人员拍摄到一队虎鲸猎食海豹的过程，那是相当有战略战术的。

一队虎鲸在巡视自己的海域时，发现了两只在浮冰上休息的海豹，然后鲸队全部围到浮冰周围，用水浪拍打浮冰，浮冰裂开，海豹落入水里，但依旧挣扎着想爬到小冰块上去，接下来，虎鲸井然有序地同时推动海水形成大浪，几次

之后海豹就失去了容身之所，坠入水中，成了虎鲸的盘中餐。

像一具死尸诱捕食物

虎鲸有时会将腹部朝上，一动不动地漂浮在海面上，很像一具死尸，而当乌贼、海鸟、海兽等接近它的时候，虎鲸就会突然翻过身来，张开大嘴把它们吃掉。

❧ 你知道鲸和鲨鱼有何区别吗？

除去体型与外貌的区别之外，鲨鱼和鲸的区别如下：

（1）鲸虽然有鱼字，其实它并不是鱼类，而是哺乳类动物，而鲨鱼则属于鱼类。

（2）鲨鱼是左右摆动尾鳍来使身体前进，而鲸却是以上下摆动尾鳍的方式前进。它们利用前端的鳍状肢来保持身体平衡及控制方向，有些鲸背部的上端还有能保持身体垂直的鳍。

（3）鲸和鲨鱼最大的区别是鲸和人一样有鼻孔，用肺来呼吸，而鲨鱼是用鳃呼吸。

（4）鲸的皮肤很光滑，没有鳞片，鲨鱼都长着盾鳞。

（5）鲸是温血动物，鲨鱼是冷血动物。

❧ [虎鲸喷水]

鲸换气应该是非常常见的现象，但对于身处冰雪世界的虎鲸来说，这个动作并不轻松，尤其在冬季，它们需要先破冰，然后才能吸上一口气，常有人类使用破冰船破坏冰面以帮助虎鲸群呼吸的新闻报道。

捕食鲱鱼

冰岛附近的虎鲸在猎食鲱鱼时，会由一到两头虎鲸将鲱鱼群进行分割，然后再由虎鲸群围绕着鱼群来回巡游，将鱼群赶上水面，鲱鱼无处可逃，只能不断跃出水面，此时虎鲸群同时行动，鼓起大浪将鲱鱼们拍晕，然后才开始吃大餐。

将猎物藏在海洞中

若虎鲸不饿时发现了鱼群或者猎物，它们还会将猎物藏在海洞中，或者利用南极的天然"冰箱"，将猎物塞到冰山缝隙中，以备不时之需。

语言大师

虎鲸能发出 62 种不同的声音。比如，虎鲸在捕食时，会发出一种断断续续的怪声，这种声音就像拉扯生锈的铁窗时，铰链所发生的声音；虎鲸还能够发出超声波，以便定位鱼群位置，还能勘测到鱼群的大小及游泳方向。虎鲸发出的这些声音有着不同的含义，可称得上是动物界的语言大师了。

这些能力对于虎鲸来说非常重要，因为在漆黑的深海中，想靠眼睛显然是行不通的。虎鲸的这些复杂社会行为，即捕猎技巧和声音交流，被认为是虎鲸拥有自己种群文化的证据。

虎鲸种群也需要保护

据统计仅南极估计就有 70 000 头虎鲸，虎鲸并没有灭绝之虞，但人为捕猎会造成部分地区虎鲸族群的减少。当前在日本、印度尼西亚、格陵兰及西印度群岛的捕鲸者仍持续捕捉虎鲸，虽然捕杀量少，但对当地族群却可能会有相当大的影响。

抹香鲸

世/界/上/最/贵/的/粪/便

抹香鲸是世界上潜水时间最长、潜水最深的哺乳类动物，还是世界上最大的动物之一。

❧ 抹香鲸常年生活在深海当中，最深可潜入 2200 米的海里，并且能在水下待 2 个多小时，才浮上海面呼吸一次，所以一般很难看到抹香鲸换气的场面。

抹 香鲸的体长可达 18 米，体重超过 50 吨，是体型最大的齿鲸，广泛分布在全世界不结冰的海域，从赤道

一直到两极的不结冰的海域都可以发现它们的踪迹。其寿命长达 70 年，最长达 100 余年。

大大的脑袋

抹香鲸拥有一个巨大的头部，头部占身体的 1/3 左右，换算一下，如果是

❧ [捕获大抹香鲸——1876 年]

一条 18 米长的抹香鲸，它的头就有近 6 米长，应该是世界上头部最大的动物了。

竖着睡觉

抹香鲸喜欢群居，往往由少数雄鲸和大群雌鲸、幼鲸结成数十头以上，甚至二三百头的大群，这样一群庞然大物如果突然停止移动，然后同步垂直海底，是何其壮观的景致！没错，抹香鲸就是竖着睡觉的，而且是成群地竖着睡觉。

繁殖方式

抹香鲸的繁殖速度缓慢，雌鲸要到 9 岁才性成熟。每 4 ~ 6 年才怀胎一次，繁殖地一般在南、北纬 40 度之间的热带和亚热带海域，大多在春季交配。在北半球交配期从 1 月一直到 7 月，在 3～5 月间最频繁。南半球的抹香鲸的交配期在 8—12 月间，集中在 10 月。怀孕期至少在 1 年以上，可能长达 18 个月。每胎一头幼鲸，极少出现双胞胎，幼仔体长 4 ~ 5 米，哺乳期长达 2 年。

最贵的粪便

抹香鲸是有齿类的鲸中体型最大的，在海域中基本上没有天敌，主要以乌贼、鱿鱼为食，甚至连世界上最大的乌贼——大王乌贼，和世界上最大的鱿鱼——大王酸浆鱿也都逃脱不了它们之口。

抹香鲸爱吃乌贼却消化不了乌贼的鹦嘴，这些物质会逐渐堆积在它们的小

❧ [龙涎香]

龙涎香是抹香鲸吃下的部分固体物质，因为难以消化，进入直肠后，与其粪便混合形成半固体状，再经过肠道蠕动，以及肠道中的细菌和酶等加工作用，变成表面非常光滑的粪石。

肠中，小肠会形成一种黏稠的深色物质将其包裹，这就是"龙涎香"。

龙涎香刚从抹香鲸体内取出时非常臭，存放一段时间后会逐渐散发出香味。它是珍贵香料的原料，也是名贵的中药，有化痰、散结、利气、活血之功效，但不常有，偶尔得到重 50 ~ 100 千克的一块，便会价值连城，抹香鲸便由此而得名。

❧ [抹香鲸]

蓝鲸

地／球／上／体／积／最／大／的／动／物

蓝鲸是一种海洋哺乳动物，属于须鲸亚目，它不但是世界上体积最大的鲸类，也是世界上现存最大的动物，是迄今为止最大的哺乳动物。

鲸的身躯瘦长，全身体表均呈淡蓝色或鼠灰色，背部是青灰色的，有淡色的破碎斑纹，胸部有白色的斑点，褶沟有 20 条以上，腹部也布满褶皱，长达脐部，并有赫石色的黄斑。

解密蓝鲸：体型

据测量，一头成年蓝鲸体长在 22 ～ 33 米之间，目前发现的最长的蓝鲸有 33.5 米，这个长度相当于波音 737 客机的长度。

❀ [蓝鲸]

蓝鲸被誉为动物王国的国王，它拥有绝对优势的体型、力量和速度。在地球上至今还没有其他如此庞大体型的生物，甚至在远古的恐龙年代也没有。

❀ 蓝鲸是地球上声音最大的动物，一个喷气发动机运作时发出的声音是 140 分贝，蓝鲸一嗓子能喊 188 分贝，160 千米以外的同伴都能听到。

解密蓝鲸：体重

蓝鲸的体重为 150 ～ 180 吨，那到底是有多重呢？

我们可以进行简单的换算：

一头蓝鲸相当于 2000 ～ 3000 个人的总重量；或者是 30 头以上的非洲象体重的总和。

蓝鲸的舌头重 2 吨，上面能站 50 个

❀ 南大洋中鲸的数量和捕获量均占世界各大洋的首位，现存 100 万头左右。

[蓝鲸——加拿大 2010 年 10 月发行]

该枚蓝鲸邮票延续了野生动物系列邮票的印刷风格，采用了多项防伪技术，如光变油墨、胶印缩微文字、影雕套印技术和荧光油墨。

人；头骨重 3 吨，心脏重 0.5 吨，血液循环量达 8 吨，雄兽的阴茎长 3 米，睾丸有 45 千克，把它的肠子拉直足有 200 ～ 300 米，它的力量大得惊人，发出的功率为 1500 ～ 1700 马力，堪称动物世界中的巨无霸和大力士。

解密蓝鲸：心脏

蓝鲸的心脏和小汽车一样大，婴儿可以爬过它的动脉，有着超强的跳动力，科学家凭借相关设备，在 3 千米之外就能探测到它的心跳。

解密蓝鲸：大胃王与小喉咙

蓝鲸拥有如此巨大的身体，必须要

❧ 蓝鲸经常长途旅行，它们冬天在极地大量存储食物，夏天就去赤道繁衍交配。它们的游速可达每小时 20 千米，如有需要可加速到每小时 50 千米，当进食时，速度降到每小时 5 千米。

有大量的食物支持，蓝鲸以磷虾和鱼苗为食，它们能一口气吞下近 1 吨的食物，每天要吃 4 吨才能吃饱，这样的食量称为大胃王一点也不为过，但是人们很难想象，蓝鲸这样大的胃口却只拥有一个苹果大小的喉咙，所以它们在进食时，属于典型的"细嚼慢咽"型，食物只能慢慢地通过细小的喉咙进入胃部。

解密蓝鲸：最大的小宝宝

蓝鲸在晚秋开始交配，一直持续到冬天，雌鲸通常 2 ～ 3 年生产一次，经过 10 ～ 12 个月的妊娠期后，一般在冬初产下幼鲸。幼鲸一出生就有 7 米多长、7 吨多重，然后经母鲸的乳汁哺育，便开始以每天长 4 厘米、增重 100 千克的速度快速成长起来，蓝鲸幼仔是动物世界里长得最快的，18 个月后就能长成一头大蓝鲸。

CAROLI LINNÆI
EQUITIS DE STELLA POLARI,
ARCHIATRI REGII, MED. & BOTAN. PROFESS. UPSAL.;
ACAD. UPSAL. HOLMENS. PETROPOL. BEROL. IMPER.
LOND. MONSPEL. TOLOS. FLORENT. Soc.

SYSTEMA NATURÆ
PER
REGNA TRIA NATURÆ,
SECUNDUM
CLASSES, ORDINES,
GENERA, SPECIES,
CUM
CHARACTERIBUS, DIFFERENTIIS,
SYNONYMIS, LOCIS.

TOMUS I.

EDITIO DECIMA, REFORMATA.

Cum Privilegio S:æ R:æ M:tis Sveciæ.

HOLMIÆ,
IMPENSIS DIRECT. LAURENTII SALVII,
1758.

❧ **[《自然系统》——1758 年]**

蓝鲸的物种名称 *musculus* 来自于拉丁语，有"强健"的意思，但也可以翻译为"小老鼠"。林奈在 1758 年的开创性著作《自然系统》中完成了该种类的命名，他可能知道蓝鲸的特点，然后幽默地使用了这个带有讽刺意味的双关语。

❧ 蓝鲸是地球上的长寿动物之一。科学家们通过数蓝鲸的耳屎层数来判断它们的年龄，目前科学家数最多的耳屎层达到 100 层，也就是说这头蓝鲸有 100 岁。但是普遍认为蓝鲸的寿命在 50 岁以上，最长可活到 90 ～ 100 岁。

长须鲸

深 / 海 / 格 / 力 / 犬

长须鲸又名鳍鲸，是全球第二大鲸，也是已知的第二大动物，仅次于蓝鲸。主要分布在南极海域。在 20 世纪时被大量捕捞，现在仍属濒危物种。

须鲸身体呈纺锤形，体长约 25 米，体重约 70 吨，体型仅次于蓝鲸。与蓝鲸不同的是，它的头部占到体长的 1/5 ～ 1/4，头上有纵脊，头部后方有灰白色的人字纹，这个是它典型的特征，但必须是近距离才能看到。

巨大的食量

长须鲸喜欢吃鱼类、乌贼及一些甲壳动物（比如磷虾）。它们在进食时会以每小时 11 千米的速度前进，同时张开嘴巴，每次它能吸入高达 70 立方米的海水，然后闭上嘴巴，将海水通过密集的鲸须排出，过滤其中的食物。

长须鲸如此巨大的身体，食量绝对不可能小，所以它们每次张口，都能够吸到约 10 千克的磷虾，一头长须鲸每天可吃掉 1800 千克的食物。

❧ 长须鲸会在 2~12 岁进入性成熟的阶段，雌鲸每 2~3 年生产一次。一般来说，母鲸一胎只产一头幼鲸，根据有关的记录，世界之最是一次产得 6 胎。长须鲸的寿命也很长，平均 90 岁左右。

❧ 格力犬又名灵缇，原产于中东地区，是世界上奔跑速度最快的狗，是陆上速度仅次于猎豹的哺乳动物之一。

深海格力犬

长须鲸经常会潜到水下 200 米的地方捕食，用自己的 4 个肺进行呼吸，以期在水里待久一点，能捕食到更多的食物。

不要以为长须鲸的体型庞大就会行动缓慢，其实长须鲸是游泳速度最快的鲸之一，高速时能达每小时 37 千米，经过考证的最高时速能达到 40 千米，所以有"深海格力犬"之称。

Chapter 2

极地陆地动物

北极熊 >>>>

极 / 地 / 霸 / 主

北极熊是世界上体型最大的陆地食肉动物，成年北极熊直立起来高达 2.8 米，体型较大的雄北极熊体重为 300 ~ 800 千克，在冬季来临前由于大量积累脂肪，它们的体重可达 800 千克以上。它们的活动范围主要在北冰洋附近有浮冰的海域。

北极熊又名白熊，是世界上最大的陆地食肉动物。虽然名为白熊，但它的皮肤却是黑色的，由于厚厚的毛发覆盖，人们才无法看到它真正的体色。这些毛发是中空无色的，只是看起来是白色的。

正是由于披着厚厚的毛发，使得北极熊看起来萌萌的，成为许多卡通片中的主角。

出色的游泳能力

北极熊是非常出色的游泳健将，以

❀ [北极熊]

至于曾被人认为是海洋动物。它们的躯体呈流线型，擅长游泳，熊掌宽大犹如双桨，因此在北冰洋冰冷的海水里，它们可以用两条前腿奋力前划，后腿并在一起，掌握着前进的方向，起着舵的作用，一口气可以畅游四五十千米。北极熊经常跋涉 1000 千米以上觅食，累了就在浮冰上休息。

狡猾的捕猎法

北极熊极擅长奔跑和游泳，但一般不会用在捕猎上。

它们最常用的捕猎方法是"守株待兔"。它们会在冰面上寻找海豹的呼吸洞，然后耐心地趴在洞边等候，为了不被海豹察觉，北极熊还会用掌捂住鼻子，让呼吸声音变小。只要海豹从呼吸洞中露头，北极熊就会一掌拍晕它，然后用尖爪将其从洞中勾出来。

如果发现岸上的海豹，北极熊会偷偷地藏在海豹无法看到的地方，然后蹑手蹑脚地爬过去，或者悄悄地潜入冰面下，迂回游到靠近岸上的海豹身边，然后突然发动进攻。这种捕猎方法的优点是直接截断了海豹的退路。

吃饱喝足后，北极熊会细心清理毛发，把食物的残渣血迹都清除干净。

标准的食肉动物

北极熊是标准的食肉动物，98.5% 的食物都是肉类。它们主要捕食海豹，特别是环斑海豹、冠海豹、髯海豹和鞍纹

❧ [北极熊的动画形象——《倒霉熊》剧照]
《倒霉熊》是一部关于可爱的北极熊贝肯的幽默搞笑动画片，其中的主角"倒霉熊"是一头北极熊的卡通形象。

❧ 北极熊擅长游泳，可在 2004 年人们居然发现了 4 头被溺死的北极熊。
无独有偶，2006 年，英国在北极的研究所也发现了 6 头溺死的北极熊。
事实上，北极熊不是水生动物，它们的家在海冰上。一旦融化的冰过多，导致北极熊超过了它们游泳能力的时限，漫长的寻食过程会导致它们疲乏，如果再碰上海上大风浪，那么很容易就会被淹死。

❧ 北极熊的听力和视力和人类相当，但它们的嗅觉极为灵敏，是犬类的 7 倍，其奔跑速度可达每小时 60 千米，是人类世界百米冠军的 1.5 倍。

海豹，除此之外，它们也捕食海象、白鲸、海鸟、鱼类和小型哺乳动物。可以说，只要是能逮住的各种活物都是它们的食物。

北极熊杀死猎物后只吃脂肪丰厚的部位。因为北极熊知道，脂肪可以帮助它们抵御寒冷，脂肪还可以储存能量，在食物短缺的时候抵御饥饿。不过，就是这样挑食的家伙在食物短缺时，饿到一定程度也会吃几口腐肉。在夏季它们还会偶尔吃点浆果或植物的根茎。

到了春末夏初时，它们会来到海边觅食被海水冲上来的海草，补充身体所需的矿物质和维生素。

北极熊也会冬眠

北极熊的冬眠和蛇类的冬眠不一样。

❧ 北极熊的皮毛不仅仅可以起到防寒作用，它们的毛呈透明的空心管状，就好像是精巧的光导纤维，空心结构有利于保温。毛的颜色并不很白，比周围的冰雪要"黑"得多，因此，能够吸收高能量的紫外线，既能有效地保持体内热量不易散发，又能充分利用极地阳光的能量，增加自身的体温。

同时这种毛还能把散射的辐射光传递到皮肤的表面，在那里被吸收并转变成热能，使北极熊在新陈代谢中所损耗的热量得到补充。令人惊奇的是，北极熊这种天然的太阳能收集器效率很高，能把 90% 以上的太阳辐射能转为热能。

❧ 北极是地球上全年平均气温最低的地区，有时可达到零下 80℃，不过这个气温对北极熊来说却不是个事。

首先，因为它们皮下有着厚达 10 多厘米的脂肪，能够耐寒；然后脂肪外面又有厚厚的长毛，也能增加御寒能力。在行走的时候，它们的脚掌又肥又大，还有厚厚的密毛，就像穿了双毡鞋。

❧ [冰水中的北极熊]

❧ [北极熊邮票——苏联]

这一套是苏联印制发行的动植物系列邮票，苏联印制的邮票多采用雕刻版印制，配以恰如其分的色彩和背景，产生了强烈的质感和感人的艺术魅力，极具欣赏价值。

在严冬时，由于能够寻找到的食物很少，北极熊的活动范围大大缩小，加上北极熊没有储藏食物的习惯，所以为了保存体能，它们只能寻找避风的地方卧地而睡，降低呼吸频率，进入局部冬眠，其实这不是真正意义上的冬眠，只是似睡非睡而已，一旦遇到紧急情况便会立即惊醒。

雄北极熊是个无情的家伙

北极熊为一夫多妻制，会在春天交配，即每年的 3—5 月，发情期一般只有 3 天，北极熊和其他一夫多妻制的动物一样，需要通过激烈的打斗才能获得交配权。它们短暂的配对只为传宗接代而非永久结合。

雄北极熊是个无情的家伙，只有在交配期间才会不离不弃、不食不眠地地守着配偶。发情期过后，雄北极熊会毫不留情地离开配偶，去寻找食物，填充饥饿的巨胃。而雌北极熊只能独自孕育下一代，雌北极熊的妊娠期为 195 ～ 265 天，每胎通常为两头，偶尔会是 1、3 或 4 头，幼仔刚出生时只有 30 多厘米长，重约 700 克，1 ～ 2 个月时，可以行走，3 ～ 4 个月后，雌北极熊就会带它们离开洞口，让其外出见世面，出生 4 ～ 5 个月后断奶，2 ～ 3 岁后独立。在此期间，雌北极熊需要培养幼仔学会在北极严酷的环境中生存的技能。

北极狐 >>>>

北/极/草/原/的/主/人

北极狐又称雪狐、白狐，主要分布在北冰洋的沿岸地带及一些岛屿的苔原地带，能在零下50℃的冰原上生活，寿命为8～10年。

★ ✦ ★

北极狐体长46～68厘米，肩高25～30厘米，体重1.4～9千克，具有狐狸的最典型面相。北极狐冬天时全身雪白，有着很密的绒毛和较少的针毛，即便在脚底也长着密生长毛，适合在冰雪上行走。北极狐的毛皮既长又软且厚，这是北极狐能忍受寒冷的原因。

北极狐是群居动物

北极狐是群居动物，它们会共同狩猎或者寻觅食物。同族群中的雌狐之间有严格的等级制，它们中的其中一只会支配控制其他的雌狐，但是公狐之间等级不明显。北极狐有领域性，在同一族群中的成员之间会分享同一块领地，北

❧ [北极狐]

北极狐冬天全身毛色为纯雪白色，仅无毛的鼻尖和尾端为黑色。

❧ [北极狐邮票]

❧ [北极狐]

极狐的领地很少和其他族群的领地重叠。

敏捷的捕食

北极狐主要以旅鼠、鱼、鸟类、鸟蛋、北极兔和浆果为食，尤其喜欢捕食旅鼠。

捕捉旅鼠：北极狐对旅鼠的气味和声音敏感，能很远地发现旅鼠的气味和听到旅鼠在窝里的叫声，北极狐会迅速用前爪挖开藏匿在雪下面的旅鼠窝，同时用腿将旅鼠窝踹塌，然后将窝里没来得及逃窜的旅鼠一网打尽。

储藏粮食：在夏天，当食物丰富时，北极狐会在巢穴中堆放满满的食物。当遇到恶劣天气时，北极狐也不会被饿着。

跟着北极熊有饭吃：当冬天食物不丰富的时候，北极狐就两三只一起跟踪北极熊，拣食北极熊吃剩的残羹剩饭。有时也有风险，一旦北极熊也无法找到食物时，就会来猎捕北极狐。

北极狐长途跋涉之谜

北极狐冬天不会冬眠，而是会在冬季离开巢穴，进行长距离的迁徙。北极狐在5个半月时间内的迁徙距离可以达到4600千米，平均一天行进90千米，可连续进行数天。

北极狐会在第二年夏季返回家园，这是因为它们具有一种高超的导航技巧。它们能通过计算准确地回到此前的生活地点。

北极狐常常尾随北极熊相随而行，以拣拾北极熊丢下的残羹剩饭果腹，凭借一路的旅鼠、鸟蛋和北极数量稀少的啮齿类动物，开始这场长途跋涉的美食之旅。

❧ [北极狐]
夏季的北极狐体毛为灰黑色，腹面颜色较浅。有很密的绒毛和较少的针毛，尾长，尾毛特别蓬松，尾巴白色。

北极兔

极/地/变/色/龙

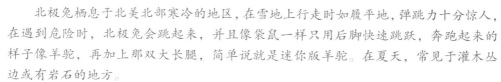

北极兔栖息于北美北部寒冷的地区，在雪地上行走时如履平地，弹跳力十分惊人，在遇到危险时，北极兔会跳起来，并且像袋鼠一样只用后脚快速跳跃，奔跑起来的样子像羊驼，再加上那双大长腿，简单说就是迷你版羊驼。在夏天，常见于灌木丛边或有岩石的地方。

北极兔是哺乳动物，比普通兔子体型要大，头比普通兔子的长，耳朵虽然很大，但却比普通兔子的小很多，脚掌宽且有厚毛，腿又细又长。北极兔主要以苔藓、植物、树根等为食，偶尔也会吃肉，一年生育一次，每窝能产 2 ～ 5 只幼仔，它们的数量有限，甚至还没有北极狐的数量多。

北极兔的警报系统

北极兔通常 20 ～ 300 只不等地群居在一起。北极兔并不羞怯胆小，因为这些兔子之间有着强大的通信系统，彼此间会用肢体动作来传达信息；它们在发现危险时，还会在地上留下嗅觉标记，

❧ 北极兔有着非常灵敏有力的四肢和长着长毛的大脚掌，跑起来时速可达 65 千米左右且不会在冰雪中下陷，人们因此还给它起了个"雪鞋兔"的称号。另外，当遇到危险时，北极兔还会站起来，并像袋鼠一样后腿快速跳跃。

❧ [北极兔]
北极兔是兔子界的大哥大，不但体型比普通兔子大，就连腿都比普通兔子的腿要长。

※ [邮票上的北极兔]

※ 北极兔每年只生一窝小兔子，每窝 2～5
只。虽然繁殖能力不高，但存活率却很高。
北极兔在出生时并非像普通兔子那样双眼紧
闭，10 多天后才能睁眼，它的好视力一出生
就有了。

※ [北极兔的图案]

兔子一般是以植物的根和茎等为食，但北极兔偶
尔也会吃肉，尤其是深藏在地洞中的食物。它们
会先闻出食物的所在地，然后再挖出食物。

向途经此处的同伴传递信号；它们的大
耳朵除了能获取各种危险信息之外还能
传递信息，北极兔的耳朵可以犹如军舰
上的信号旗一样，舞动着给同伴传达各
种信息。

极地变色龙

在寒冷的冬天，北极兔会长出两层
厚厚的毛，里层为茂密的短毛，可以保
温，外面覆盖着蓬松而又细的长毛，像
防护罩一样，既可以防寒又可以防止脏
污碰到身体，从远处看除了耳尖处是黑
色的，其他地方均为白色，和冰天雪地
浑然一体。

随着天气变暖，冰雪融化，大地渐
渐地露出来了，北极兔的毛发颜色也会
随着天气的变暖而变化，背部渐渐变成
浅灰色，颈部和胸腹部则呈暗蓝灰色。

北极兔的毛发之所以随着天气变化，
和变色龙一样变色，是为了更好地保护
自己，免遭天敌袭击。

※ 普通兔子有着长长的耳朵，可北极兔的耳
朵却短小很多，这是因为在寒冷环境下，长
耳朵不利于对抗强风，还会让自身温度下降。
不过它们还是继承了兔子家族听力好的优质
基因，而且这对耳朵还是它们沟通的帮手：
北极兔的耳朵可以根据不同的位置和姿势传
达出不同的信息，并以此与同伴交流。

北极狼

冰/河/时/期/的/元/老

北极狼又称白狼，是世界上最大的狼，拥有适应极寒环境的能力，并且拥有极好的耐力，具有很强的机动能力。

❧ [北极狼]

北极有着严酷的自然环境，从每年的 11 月开始，有接近半年完全看不到太阳，温度会降到零下50℃左右，动物们必须积累足够的脂肪才能度过漫长的冬季，而北极狼就是少数可以容忍这些条件的哺乳动物之一。

北极狼是灰狼亚种，平均肩高 64 ~ 80 厘米。北极狼身披或纯白、或灰白、或银白的皮毛，体态较为丰满，步态则像狐狸般轻巧。分布于北极最荒凉的地形，如苔原、丘陵、冰谷、冰原、浅水湖泊的绿岸等地。

❀ 北极狼是一群一群的集体捕猎动物的，通常是 5 ~ 10 匹组成一群；它们大多捕食驯鹿和麝牛，北极狼经常会攻击当地的因纽特人，由于北极狼数量近年增多，加拿大政府开始批准外国人过来狩猎。

奔跑能手

普通灰狼拥有极强的奔跑能力，而北极狼更是将奔跑能力发挥到极致。

北极狼历经 30 多万年的进化，适应了极地的恶劣环境。北极狼拥有较小的体型，发达的犬齿和咬合肌，再配合超快的冲刺速度和绝对的耐力，它们能以约 10 千米的时速走十几千米，追逐猎物时速度能提高到接近每小时 65 千米，可以在雪地上如履平地般奔跑。

因纽特人的"阴谋"

在人们的认知中，北极狼是可怕的北极生物，尤其是驯鹿的天敌，因为北极狼的猎食，使许多驯鹿死于其手。但是科学家通过在北极的长期考察发现，事实并非如此。

驯鹿是一种身材比北极狼大很多的动物，尤其在力气、速度上，北极狼根本不是驯鹿的对手。所以单匹狼根本不敢进攻驯鹿群。在鹿群大迁徙时，狼群的猎食对象也仅仅限于鹿群中看上去老弱病残的个体。

生活在北极地带的因纽特人曾向当

❀ [《狮子王》动画剧照]
上图是《狮子王》动画中的狼妈妈拉克莎，这个形象的动物原型来自于北极狼。

❀ [北极狼幼仔]
北极狼的幼仔生下之时并不是通体雪白，而是像上图一样呈现灰色，随着年龄的增长，才会逐渐变成雪白的皮毛。

❀ [北极苔原——纪念邮票上的北极狼]

北极苔原邮票于 2003 年发行，是美国邮政发行的美国大自然系列邮票的第 5 组，描绘的是北极冻土带特殊的生态环境，表现了生存在该地区的特有动植物，其中有北极狐、狼、貂、北极兔、旅鼠、北极熊、雪鸟等，植物有禾本科植物、萱属植物、灯芯草、蕨类植物、马尾、苔藓等。

地政府反映，要求拨给他们额外的"打狼补贴"，一方面保护驯鹿，同时也能保护自己的生命安全。当地政府答应了因纽特人的请求，但这个阴谋被在北极

❀ 北极的生存条件可想而知，而北极狼却能在这种环境下生存，可见其强大的适应性，其实北极狼是一个冰河时期的幸存者，在晚更新世大约 30 万年前起源。如果没有工业时代的狙杀，北极狼能够凭借其强悍的适应能力，不断进化着自身，适应着不断变化的自然环境。

的考察学者识破了。

原来，猎杀大量驯鹿的并非北极狼，而是因纽特人。在他们的住处，方圆 1 千米内遍布了大量的驯鹿尸骸，并且都是高大健壮的那种，这是因为这种驯鹿的皮毛和鹿角能够卖出好价钱。正由于他们"嫁祸"给北极狼，才获得了政府的补贴。值得一提的是，因纽特人其实根本不打北极狼，狼群与因纽特人的猎狗会彼此威慑，狼与狗谁也不敢越雷池一步。

❦ [北极苔原——北极狼小型张邮票]

北极狼族群制度

北极狼通常会由一匹领头的雄狼，带领着 20 ~ 30 个成员，组成一个小型狼群，头狼在狼群内拥有绝对的权威。除非有其他雄狼向它挑战，成功者则会取而代之，成为新的统治者。

北极狼的群体里等级森严，低等的狼会完全服从高等北极狼的指挥，互相配合捕猎食物，捕食成功后，头狼会先吃，然后再按族群等级依次进食。

雄狼头领对狼群内的雌狼拥有绝对的所有权。

彪悍的雌狼

北极狼群中除了有头狼之外还会有一匹彪悍的雌狼，它管理着狼群内的交配制度，普通雌狼不能与其他雄狼交配。繁殖后代一般在头狼和它这两个最强的个体之间进行，所以常常一个狼群只有一窝幼仔。这样既限制了幼狼的数目，也保证了狼仔的质量。

只有在狼群数量急剧减少的时候，这样的规则才会被打破。普通低等级的雌、雄狼便会有充分的自主权，几乎每一匹狼均会找到配偶，繁殖率也会大大增加，这种等级制度对保持狼群数量十分重要。

种族繁衍

北极狼在每年 3 月开始交配，怀孕后的母狼会寻找新的巢穴生产幼仔。它们一胎生产 5 ~ 7 匹小狼，个别情况下会有 10 ~ 13 匹，每匹母狼平均每年会产 14 匹小狼。幼仔出生后的最初 13 天，眼睛还不能睁开，它们会紧紧地挤在一起，母狼这个时期几乎寸步不离，食物会由整个狼群供给。幼仔出生一个月后，母狼会先将食物咀嚼，然后再吐出来喂食小狼，让它们习惯肉食。

随着小狼逐渐长大，它们逐渐承担起捕猎和防卫等任务。

北极狼几乎没有天敌，然而如今却面临濒危的境地，主要原因是偷猎者的捕杀，每年至少有 200 匹北极狼被杀。另一个原因是人类对自然的破坏，使得北极狼失去了居住地。

麝牛

无/惧/猛/兽

麝牛是大型极地动物，在地球上已生存了60多万年，是冰川纪残留下来的古老生物，与之同时期的猛犸象、柱牙象等庞然大物都由于气候的变迁或早期人类的捕杀而灭绝了。

❀ [麝牛]

麝牛和普通的野牛一样，是群居动物，并且在族群中有一个首领，由它将族群分割成许多个小组，由麝牛"组长"领导小组，组长往往由一头怀了孕的雌麝牛担任。这是与其他动物不同的管理体制。正是这样规范的管理，使得它们的作战部队非常凶悍。

麝牛，别名麝香牛，为偶蹄目牛科羊亚科麝牛属动物，该属仅1种。麝牛是生活在北极苔原的一个特有物种，体长1.8～2.3米，肩高一般为1.2～1.5米，体重为200～410千克。因雄麝牛在发情时浑身散发出一种类似麝香的气味而得名。

麝牛一般在7—9月之间交配，雌牛孕期为9个月，每年4—6月产仔，一胎生1仔，偶尔生2仔，一般两年生一胎。幼仔在出生后1小时内就能行走，但由于生存环境恶劣，幼仔存活率很低，常因乳毛未干而被冻死。雄牛3～4年性成熟，雌牛要5～6年，它们的寿命为20～24年。

叫牛不是牛

麝牛叫牛却不是牛。麝牛在分类上是一种介于牛和羊之间的动物，从其外表来看，更像我国西藏的牦牛，体型大，但低矮粗壮，它的尾特别短，耳朵很小，眼睛前面具有臭腺，嘴边除了鼻孔间的一小部分外，都被毛所覆盖，这些又与牛类不同。牛的角是从头顶侧面长出的，而麝牛和羊类一样，是从头顶上长出，还有着羊类的牙齿，于是科学家将它定义为"牛和羊的过渡物种"。

❀ [麝牛纪念币]

不会逃跑：虎视眈眈地面对着敌人

麝牛多群居于北极多岩、荒芜的苔原地带，主要吃草和灌木的枝条，冬季亦挖雪取食苔藓类。它们进食时会非常警觉，若有敌人进攻，它们不会像野牛那样惊惶不安地乱跑，在任何情况下都不会退却逃跑，而是迅速组成一种特殊的防御圈：强壮的公牛在最外围肩并肩，低下头，牛角朝外，虎视眈眈地面对着敌人，把内圈的母牛和牛犊保护起来，而指挥战斗的往往是一头年长的雌麝牛。公牛会出其不意地用尖角袭击对方，由于它们的毛长而厚，可保护身体不被对手咬伤，公牛进攻后，会迅速返回原地，严阵以待。

麝牛最危险的天敌是北极狼和北极熊。但麝牛凭借自身三四百千克的庞大身躯和坚硬的牛角组成的坚固堡垒，往往令北极狼和北极熊也无计可施。

令人们疯狂的一种"丝"

麝牛身披又粗又长的毛，适于防御雨雪和大风，在长毛下面紧贴肉长的软

毛又厚又密，足以抗御寒冷的北极上任何寒气和湿气。这层软毛是让人们疯狂的一种"丝"，被称之为毛丝，被认为是全世界最优质的天然绒毛，不仅可以制成永不褪色的毛

❧ [麝牛邮票]

线衫，而且冬天可以防寒气、雨天可以防湿气。在很多冬季非常潮湿的地方，这种皮毛所制作的衣服非常抢手。麝牛也因此不怕冷，但都很怕热。

没有买卖就没有伤害

为了获取麝牛的皮毛、牛肉和牛角，捕猎者手持枪支进入了极地，开始猎杀麝牛。在这些捕猎者面前，麝牛的防御圈不堪一击，只知道防守不知道逃跑的麝牛，很轻易地就被挨个射杀。这种杀戮极为高效。1865 年左右，阿拉斯加最后一头麝牛被射杀。20 世纪初，加拿大和格陵兰的麝牛也濒临灭绝。

麝牛是一种神奇的物种，从冰川纪残酷的环境中存活下来，但在 20 世纪初被大量捕猎后，麝牛一度濒临灭绝，好在后来陆续有国家出台了保护措施，麝牛种群才得以繁衍，如今全世界约有 8 万头，不再被认为是濒危动物，有些地区甚至允许限量捕杀。

❧ 麝牛的外观与野牦牛非常相似，体型都比较庞大，但仔细对比不难发现二者有如下差别：
麝牛身披下垂长毛，能一直拖到地上，冬季时毛更长呈现黑棕色；而野牦牛皮毛虽然也会垂落地上，但身体上方却短而光滑；
麝牛的角从头顶长出，弯下来之后再往外勾出，而牦牛的角则是从头侧面长出；
它们的生活习惯也有不同，但无法从外观看出。

旅鼠

喜/欢/跳/海/自/杀/的/旅/行/者

旅鼠是北极分布最广的食草动物。之所以叫旅鼠，是因为在旅鼠数量过多和食物缺乏时，旅鼠会飞奔出去寻找食物，最快时一天内迁徙 16 千米。

旅鼠属于啮齿目仓鼠科，常年居住在北极，体形椭圆，四肢短小，比普通老鼠要小一些，最大可长到 15 厘米长。它是北极所有动物中繁殖最快的，在这小小的动物身上呈现出的许多神秘现象让人们百思不得其解。

❧ 旅鼠为了更好地生存，通常会大批地迁徙，旅鼠跋涉的路途中要经过宽阔的水面，由于旅鼠会游泳，所以它们并不担心。但由于个体的原因，总有些不够强壮的旅鼠，在游泳的过程中耗尽了体力，因此溺死、冻死，这就形成了鼠族大规模自杀的现象。

不可思议的繁殖能力

旅鼠的寿命通常不超过一年，妊娠期 20 ~ 22 天，一年 7 ~ 8 胎，每胎可

❧ 若旅鼠在夏季时体重未达到 20 克，它们在冬季便会停止成长，直到春季才会性成熟。

❧ [旅鼠]

生 12 只幼仔。旅鼠的成熟期很短，雄性为 44 天以上，而雌性为 20 ~ 40 天就可以繁殖下一代。

我们简单来算一下：如果一对旅鼠从 3 月份开始生育，假使它们一年中共生了 7 胎，每胎 12 只，一共就是 84 只，这是它们的第二代，也就是儿子和女儿。再假设每胎都是六公六母，则为六对。以此类推，那么，它们的孙子和孙女能有多少呢？一共可以有 1512 只。这是第三代，第四代，第五代……一年可以生产出百万只旅鼠的庞大队伍！即使因气候、疾病和天敌等原因中途死掉一半，也几乎还有 50 万只。

不可思议的进食能力

旅鼠一年中的大部分时间都在生育，因此需要大量的能量补充，别看它只有小小的躯体，食量却惊人。旅鼠一顿可吃相当于自身重量 2 倍的食物，一年可以吃 45 千克的食物，为了弥补食物的不足，它们的食性广泛，草根、草茎和苔藓之类几乎所有的北极植物均在其食谱之列，因此，人们戏称旅鼠为"忙碌的收割机"。

不可思议的旅鼠效应

由于旅鼠的强悍生殖能力，在数量急剧膨胀之后，所有的旅鼠就会开始变得焦躁不安，到处叫嚷，跑来跑去，并且会停止进食，之后会发生一些奇怪的现象。

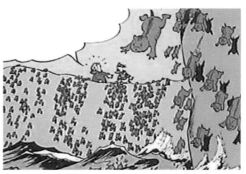

❀ 居住在西伯利亚的雅皮克人认为旅鼠是来自天空的动物，而斯堪的纳维亚的农民则直接称旅鼠为"天鼠"。因为它们经常会在北极地区的荒野中突然大量出现，然后又突然神秘消失。

❀ [《史高治叔叔的冒险》——剧照]
在 1955 年迪士尼的《史高治叔叔的冒险》漫画中画入了旅鼠自杀的故事。史高治就是唐老鸭的舅舅，是世界上最富有的鸭子，因为它的故事，也让旅鼠以艺术的形式走入了大众视野。

❦ [雪洞中的旅鼠]

旅鼠属有 4 个物种常年居住在北极圈内：北美棕旅鼠、西伯利亚旅鼠、弗兰格尔岛旅鼠以及最著名的挪威旅鼠。

❦ [邮票上的旅鼠]

吸引天敌：旅鼠们会变得勇敢异常，充满挑衅性，肤色开始变红。企图吸引北极狐、北极熊以及一些其他天敌的注意，这样的举动无异于自杀。

自杀之谜：即使是吸引天敌也无法有力控制旅鼠的数量时，旅鼠会聚集在一起，变得盲目而迷惘，这些旅鼠会开始向海边集结，一路形成一队浩浩荡荡的迁徙大军，一直走到海边然后毫无惧色地跳进大海。

迪士尼曾在 1958 年拍摄纪录片《白色荒野》，片中记录了旅鼠成群结队地迁徙、最终跳海自杀的场面，配上了非常煽情的解说。这部奥斯卡获奖影片影响深远，使旅鼠奔赴死亡之约的动人传说在西方家喻户晓。不过这部纪录片的场面是伪造出来的。这部影片是在加拿大的阿尔伯达省拍摄的，那个地区并不产旅鼠。而旅鼠自杀的场景也是摄影组把买来的旅鼠赶下了悬崖，人为制造了旅鼠跳海自杀的场面。

至于旅鼠为什么集体自杀，至今也没有一个令人信服的解释。有人认为这可能和旅鼠的强大繁殖能力有关，因繁殖过快，导致得不到足够的食物和空间，只好奔走他乡。科学家进一步指出，事实上只有挪威的旅鼠会出现周期性的集体跳海自杀行为，这可能是由于数万年前，挪威海和北海比如今要窄得多，那时旅鼠完全可以游到大海彼岸，长此以往，形成了一种遗传本能，但是如今的挪威海和北海今非昔比，旅鼠的遗传本能却仍在起着作用，旅鼠照样迁徙，最终溺死在海中。这种说法其实也缺少依据。

不管如何，旅鼠是北极生态系统中重要的一环。

如果旅鼠太少，那么许多鸟类、兽类等就会大量减少，威胁到生态平衡。如果旅鼠太多，极地植物的生长速度根本来不及供给，把草都吃光，同样会威胁到北极的生态平衡。所以，生态的平衡只能由旅鼠们自己来把控了。

河狸

水/中/建/筑/师

　　河狸常见于北极以南的寒温带和亚寒带森林河流沿岸，在岸上栖居，主要分布于欧洲，在我国新疆也有河狸，其他地区数量较少。

　　河狸又称海狸，加拿大人称其为"贝瓦"（beaver），属啮齿目河狸科。它是两栖哺乳动物，主要生活在北极以南寒温带和亚寒森林河流沿岸（少部分会在北极圈内活动），善于游泳和潜水，不冬眠，胆子小，自卫能力较弱，主要食物为阔叶树的枝干、树皮以及芦苇等，多数在夜间活动，白天较少出洞。

　　河狸体长可达 1.3 米（包括尾长 0.3 米），体重 27 千克左右，身体呈现灰褐色，其身体肥胖壮实。河狸雌雄两性均具麝腺，分泌液状的河狸香。其寿命为 12 ~ 20 年。

潜水能手

　　河狸身体外覆盖致密的绒毛，能耐寒、不怕冷水浸泡。它的四脚短宽，脚上有蹼，尾巴扁平似桨，善于游泳，同时又是潜水能手。河狸除了睡觉，几乎一半时间都在水下活动，最长能在水下活动 15 分钟，它的肺和肝都很大，能储存较多的空气和含氧量丰富的血液。河狸潜水时鼻子和耳朵有瓣膜会自动关闭；

❀ [河狸]

河狸有两宝，一种是性腺分泌的液体，可用于制作香水的原料；另一种是河狸的皮毛，可用于制作皮具，河狸皮制作的皮帽在 16、17 世纪的欧洲风靡一时，是当时的时尚奢侈品。

❀ 在《伊索寓言》中有这样一则关于河狸的故事：

据说河狸的阴部可用于治疗某种病，因此人们总想要捉住它，割下它的阴部来。海狸知道被追赶的原因，每当它要被捉住时，它便把自己的阴部撕下来，抛出去，这样就能保全自己的性命。这则寓言说明，聪明的人宁愿抛弃财富。

❧ [河狸]

❧ [河狸——2007年加拿大纪念币]

加拿大的国宝是河狸，因为它在加拿大历史上非常重要。当欧洲人在加拿大定居之初，河狸的毛皮在欧洲价格高昂，为了追求河狸的毛皮，欧洲移民不断走向加拿大内陆，可以说加拿大的开发轨迹就是沿着捕获河狸的路线展开的。

它的眼睑是透明的，既能看清水下状况，也能不被树枝和杂物伤害；它的嘴巴两边有褶皱，可以阻止水进入口内。

多功能尾巴

河狸的尾巴上有浓浓的毛发，对河狸来说用处很大，常见功能如下：

第一，河狸尾巴在游泳和潜水时可以当作舵和划水板。

第二，河狸的尾巴和袋鼠的尾巴一样可以支撑身体，让自己端坐在地上啃食树枝。

第三，发现敌情时，河狸粗壮的尾巴可以拍打水面，使得水花飞溅，水雾弥漫，同时发出"噼噼啪啪"的报警声响。除了虚张声势吓唬敌人外，还能给同伴传递危险信号。

工程浩大的堤坝

河狸有着天生的大门牙，不费吹灰之力就能啃倒碗口粗的大树。它们会掌握咬树的方向，让咬断的树木尽量倒向河里。如果距离较远，河狸会挖一条运河，从筑坝的地点直通它们的伐木场，然后把木材拖到小运河里，再利用水流把这些建筑材料运到围堤的地方。河狸会把树木垂直地插进土里，当作木桩，然后用树枝、石子和淤泥堆成堤坝。有的堤坝长达300米左右，坝内的面积可达数千平方米。河狸性情温顺，爱好宁静，但是它们是防患意识很强的动物，为了享受太平的日子，它们总是不辞辛苦地修筑防御工事。

一个安全的巢穴

河狸会在堤坝内筑一个圆顶的高约1.8米的巢穴。

巢穴是上、下两层的独栋小别墅，上层是起居室，比较干燥；下层会在水

✤ [河狸——1995 年白俄罗斯邮票]

面以下，用来作为仓库，河狸会将树条及小段树木固定在深水底部软泥中以供冬季食用。

整个巢穴以枝条涂上软泥建成，巢内有两个出口：一个位于地面上层起居室，另一个出口则在水下。上、下两层之间还有个隧道。这样的设计可以抵御强敌来犯，一旦在上层被猛兽发现了，它只要纵身一跳，便可万无一失地潜回水中的巢穴。另外，入冬后软泥冻结，猎食性动物无法进入其巢穴。

一生只有一个伴侣

河狸聚居生活，以一个或多个家庭作为邻居。每个家庭通常包括一对配偶及两窝幼仔。

河狸忠诚并热爱家庭生活，一生只有一个伴侣。河狸一般每年繁殖 1 次，在 1—2 月交配，妊娠期为 106 天左右，在 4—5 月产仔，每次产 2 ~ 4 个仔，有时可生 8 个仔，幼仔哺乳期为 2 个月，出生后 2 天就会游泳，河狸父母会将其精心照顾到成年。

在第二窝生下之前，小河狸就必须要学会如何修筑堤坝，在水边建造自己的家园，如果一旦能够找到爱人，在冬天来临前就可以共同搭建属于自己的温馨巢穴。

[貂熊]

貂熊是中小型食肉类动物中最凶悍的一种，猞猁也要让它三分。它生性机警，行动隐蔽，属夜行性动物，视觉敏锐，但嗅觉稍差，在自然界中天敌较少，还有半冬眠的习惯。

貂熊

机/智/贪/吃/鬼

貂熊分布于北极边缘及亚北极地区，常栖息于寒温带针叶林和冻土草原地带，是现存体型最大的陆生鼬科动物。

貂熊的身形介于貂与熊之间，体长80～100厘米，尾长18厘米左右，重达8～25千克，为现存体型最大的陆生鼬科动物。

厘米，如同围着一圈长长的"毛裙子"，加上它蓬松的尾毛，在密林中自由跳蹿和自高处跳下时猎猎飘动，宛如飞翔，故貂熊又被称为"飞熊"。

貂熊雅号

月熊：貂熊背毛呈现棕褐色，由体侧向后沿臀周延伸一条淡黄色半环状宽带纹，状似"月牙"，故有"月熊"之称。

飞熊：貂熊的身上由于两边肋骨向后腿根部有皮毛逐渐增长，长度可达12

贪吃成性

貂熊生性贪吃，其拉丁学名的原意即为"贪吃"。它的食性很杂，包括大大小小的动物，也吃植物。有时还会捕捉大型动物，如驯鹿、马鹿一类，更夸张的是它还会偷取猎人的蜂蜜、果酱或猎物。

❀ [貂熊——纪念币]

❀ 貂熊一年会换两次毛，10 月换上的冬毛颜色较深，4—5 月换的夏毛颜色较浅，其毛色与它所栖息的环境一致，形成保护色。貂熊的毛又长又厚，有很强的保温性和耐用性。

机智的捕猎

貂熊为捕食可以说是煞费苦心。

貂熊会选择有利的大树，躲在树上，耐心地等待，只要有动物经过，貂熊就会突然从天降落，袭击猎物。

貂熊还会躲藏在其他动物经常路过的路旁，只要猎物出现，它便会一跃而出，将猎物扑倒。

貂熊有时甚至会冒险从比它体型大得多的食肉动物，如狼、熊等的口中夺取食物。

撒泡尿，画个圈

在电视剧《西游记》中有个片段：孙悟空出去化缘，为了保护师父唐僧的安全，特意用金箍棒画了个圈。而貂熊捕食也有这样的诀窍，它用的不是金箍棒而是尿，貂熊发现猎物后会迅速围绕猎物跑一圈，边跑边尿。用尿把猎物包围在里面，凡是被圈入圈中的小动物如中了魔法般，竟不敢越出圈外，只能待在圈内一动不动，乖乖地等待貂熊来捕食。更为奇怪的是，圈外的野兽也不敢撞入圈内。这个"禁圈"具有捕食与自卫的双重功能。

这种现象到目前为止一直是个谜。

繁殖生长

貂熊的婚配制度为"一夫多妻制"，雌貂熊一年仅发情 1 次，到了秋季交配的季节，雌、雄貂熊以特殊的吼声吸引异性。

❧ [黑熊]

❧ [貂熊与黑熊的区别]

貂熊和黑熊长得很像，但是习性完全不同：貂熊栖息在亚寒带针叶林和冻土草原地带，而黑熊栖息在山地和密林；

黑熊以植物为主食，爱吃蜂蜜，还有各种昆虫、蛙、鱼、腐肉；貂熊以蹄类、啮齿类、鸟类为主食，辅以林木浆果。

❧ 有人曾目击一条 1 米多长的麻蛇顺葡萄藤滑行而来，这时一只黄鼠狼突然蹿出，绕蛇一圈，然后退去，蛇立即停止滑行，待在原地吐舌头。几分钟后，5 只黄鼠狼相继窜来，各叼一段蛇肉扬长而去。

❧ 貂熊肛门附近有较发达的臭腺，分泌出的臭液散发出的气味有一定的防御能力，有时貂熊会在臭液里打滚，使臭味遍布全身，让敌方无从下口，从而逃之夭夭，它还会利用尿液保存食物，即将尿液撒在食物周围，让其他动物不敢窃取。

❧ [貂熊邮票]

一只雄貂熊可以与多只雌貂熊交配。

雌貂熊并不会立即让受精卵发育。直到第二年的春季（那是一年中食物最充足的时间）才着床发育，妊娠期为 121 ~ 272 天，实际胚胎只有 2 个月左右的生长期，其余时间为受精卵滞育期或游离期。

刚出生的小貂熊只有橘子大小，全身覆盖着灰白色的毛，只能闭着眼睛吃和睡。3 个月的哺乳期过后，就开始跟随妈妈学习各种生存技能。母兽的哺乳期和抚育期为 8 ~ 10 周，秋季时母子分开，幼兽 2 年或 3 年后性成熟，寿命为 16 年左右。

貂熊是领地意识很强的动物，决不允许同性出现在自己的领地，即使自己的孩子也不例外。所以，貂熊一旦成年，就会被父母赶离家园，自立门户开始新的生活。通常女儿的新领地离母亲的领地只有几十千米的距离，儿子则会被父亲驱逐到几百千米之外。

驯鹿

圣 / 诞 / 老 / 人 / 的 / 宠 / 物

驯鹿又名角鹿，角的分支繁复是其外观上的重要特征，主要分布于北半球的环北极地区，包括在欧亚大陆和北美洲北部及一些大型岛屿。在我国，驯鹿只见于大兴安岭东北部林区。

驯鹿是非常适应极寒气候的动物，在环北极圈地区都有分布。说驯鹿可能大家并不清楚，但一说起圣诞老人的"雪橇犬"应该都有印象了吧！

驯鹿的个头比较大，它的体长为100 ～ 125 厘米，肩高 100 ～ 120 厘米，雌鹿的体重可达 150 多千克，雄鹿稍小，为 90 千克左右。食物主要是石蕊，也吃问荆、蘑菇及木本植物的嫩枝叶。

❀ 我国大兴安岭山下的鄂温克族是国内唯一饲养驯鹿的民族，通过长久的和谐相处，驯鹿成为鄂温克猎人的主要生产和交通运输工具，有着"林海之舟"的美誉。

❀ 大约在 200 多万年以前，地质上称之为更新世后期，分布在欧亚大陆上的鹿类曾是人类主要的食物之一，这种情况维持了几千年，因此人类祖先把鹿视为圣洁的象征，在西方更是让驯鹿给圣诞老人拉车，给孩子们送礼物。

❀ [驯鹿]

驯鹿的中文名字有点名不副实，因为驯鹿实际上并不是人工驯养出来的。

[红鼻子鲁道夫——动画剧照]

1939年，作家梅罗柏替一家百货公司编写了《红鼻子驯鹿鲁道夫》的故事。从前有只驯鹿名叫鲁道夫，它是世界上唯一长着惹眼的、闪闪发亮的红鼻子的驯鹿，大家很自然地称它为红鼻子鲁道夫。鲁道夫的怪鼻子令它非常难堪，别的驯鹿都笑话它，就连它的父母和妹妹也受到连累，鲁道夫深陷在无限的自卑中。

这年的平安夜，圣诞老人召集了8只健壮的驯鹿，准备环游世界去给孩子们送礼物，但是浓雾突然笼罩了大地，圣诞老人知道，在这样的天气里根本无法找到烟囱。突然鲁道夫出现了，它的红鼻子在雾中闪闪发亮。圣诞老人的难题解决了，他把鲁道夫带到雪橇前，套上缰绳，然后自己坐上雪橇，他们出发了！鲁道夫带着圣诞老人安全地找到了每一根烟囱。风霜雨雪都难不倒鲁道夫，它的红鼻子像灯塔一样能穿透迷雾！圣诞老人告诉大家，是鲁道夫挽救了那年的圣诞节。由此鲁道夫成了最有名的驯鹿，受到所有人的喜爱。红鼻子曾是它的耻辱，如今却成了人人羡慕的对象。

美丽的鹿角

驯鹿最大的特点就是不分雌雄都长有一对树枝状的犄角。长角分支繁复，有时超过30叉，幅宽可达1.8米，且每年更换一次，雄鹿每年3月开始脱角，雌鹿稍晚，旧的刚刚落下，新的随之开始生长。

大迁徙

每年春天一到，驯鹿们便离开越冬所在的亚北极地区的森林和草原，沿着几百年不变的路线往北进发，做一次长达几百千米的群体大迁徙。

这支迁徙大军的领头者是雌鹿，雄鹿紧随其后，秩序井然，它们边走边吃，沿途会蜕换掉厚厚的皮毛，生出新的薄薄的夏衣，脱下的绒毛掉在地上，正好成了路标。驯鹿们就这样年复一年地迁徙，不知道已经走了多少个世纪。

驯鹿除了在遇到狼群的惊扰或猎人的追赶时才会来一阵狂奔，其他时间均是慢慢悠悠地匀速前进，边走边吃沿途的苔草。

天然美瞳

如今，年轻时尚的女性会为了美，使用一种可以改变眼膜颜色的隐形眼镜，这种眼镜被称为"美瞳"。而在北极驯鹿的眼睛中有一种天然"美瞳"的物质，可根据季节变化自动变换颜色。北极驯鹿眼睛里的反光膜在夏天会呈现出金黄色，而在冬天则会变为深蓝色。科学家分析认为，从结构上看，北极驯鹿眼中的反光膜的这种颜色变化，可能与冬季瞳孔扩张，导致眼压升高有关。

> 幼小的驯鹿生长速度之快是任何动物也无法比拟的，母鹿在冬季受孕，在春季迁徙途中生产，幼仔两三天后就能跟着母鹿赶路，一个星期后，它们就能像父母一样跑得飞快，时速达48千米。雌鹿1.5岁性成熟，一直到14岁才停止繁殖，雄鹿则性成熟较晚，驯鹿的寿命可长达20年。

北极地松鼠

打 / 洞 / 能 / 手

北极地松鼠是地松鼠家族中最大的品种之一，头体长21.5～25厘米，尾长5～7.5厘米，体重635～700克，主要分布于美国、加拿大和俄罗斯的部分地区。

北极地松鼠在血缘上更接近土拨鼠，体型和普通松鼠类似，头顶较平，尾巴很小，毛色通常为红褐色，质软，春季为灰棕色，主要栖息于开放的苔原、森林、草地、河谷及沿海沙洲。

打洞能手

北极地松鼠主要在地面上活动，打地洞居住。它们数量众多，喜欢成群居住在一起。

北极地松鼠会在灌木或者土坡的背风处打洞，它们会用前爪抛土挖洞，洞穴深达1米，没有垂直通道。北极地松鼠还会用尿液把上层土和下层土混合在一起，涂抹在洞壁上，使得洞壁更加光滑和坚固，在洞的尽头挖有卧室和储藏室，而且会从卧室往外另挖两三个洞，并用杂草或土块掩盖，目的是为了方便遇到敌情时撤退。

家有余粮心不慌

古人有句话"家有余粮心不慌"。北极地松鼠主要以牧草、苔原植物、种

❄ [北极地松鼠]
北极地松鼠的体型和普通松鼠类似，尤其是像上图这样吃东西的姿势，和松鼠如出一辙，但是从血缘上，它更接近土拨鼠。

子和水果为食，它们和其他类的松鼠一样也有储备食物的习性，从夏天开始就一直不断进食，补充体内的脂肪，还会利用颊囊将食物运到洞穴中储藏起来，直到巢穴中堆积的"余粮"达到"心不慌"的状态，它们才会停下来歇息。

冬眠只是好好地睡一个长觉

进入冬季前，北极地松鼠就会忙碌着，给自己准备冬眠所需的各种物资，它们会收集各种地衣、细草和可以收集到的鸟兽类的毛，把它们铺在洞穴内。

在冬眠过程中北极地松鼠的心跳速度会慢慢下降，除了大脑和某些重要器官会保持在冰点以上，其他身体各部位体温均会下降到零度以下，最低可达零下3℃。北极地松鼠从10月至次年3月处于冬眠状态，它们会在洞穴里美美地睡一个长觉，等醒来时冬天已经过去了。它们是哺乳动物中唯一一种体温能达到零下3℃的动物。

北极地松鼠种群庞大

北极地松鼠的亚种有十几个：阿留申群岛北极地松鼠、巴罗北极地松鼠、科里亚克北极地松鼠、麦肯齐北极地松鼠、科迪亚克北极地松鼠、俄罗斯亚洲区北极地松鼠、圣劳伦斯岛北极地松鼠、永井岛北极地松鼠、育空北极地松鼠、哈得逊湾北极地松鼠、奥斯古德北极地松鼠、堪察加北极地松鼠、楚科奇半岛北极地松鼠……

北极地鼠种群庞大，只有极少数个别亚种属于濒危状态，受到保护。

❧ [《冰川时代》中的松鼠奎特——剧照]

《冰川时代》中的小松鼠一直为了一颗橡果在奔命，从而引发了一个个的故事。《冰川时代1》中它为了橡果割裂了地球各大板块，《冰川时代2》中它为了橡果引发了大洪水，《冰川时代3》中它为了橡果穿梭于各大古代文明，《冰川时代4》中它为了橡果制造了大陆漂移改造地球环境……到了《冰川时代5》，则登上了外太空。《冰川时代》中的动物都是根据史前资料而设定的形象，不知道奎特的长长的鼻子是否是史前松鼠的外形。

爱斯基摩犬

因 / 纽 / 特 / 人 / 的 / 交 / 通 / 工 / 具

因纽特人常说"没有狗的猎人不是好猎人",他们的生活与爱斯基摩犬不可分割。

★ ❦ ★

爱斯基摩犬是许多种在北极生活的雪橇犬的统称,就如同我们说的狼狗一样,它们可以是黑背、昆明犬或者马犬等。爱斯基摩犬是一群适应北极生活的雪橇犬种,比如爱斯基摩犬、阿拉斯加雪橇犬、纽芬兰犬、格陵兰犬、西伯利亚雪橇犬、萨摩耶德犬、阿依努犬及哈士奇犬等。

公元前 1000 年,爱斯基摩犬发源于北极陆地,它们有多种颜色的毛皮,耳朵竖起,长长的尾巴卷曲在背上,是一种中型犬。

❧ [爱斯基摩犬]
爱斯基摩犬的祖先是德国的狐狸犬,其尖尖的嘴部和竖立的耳朵很像狐狸。

爱斯基摩犬在过去的几十个世纪的淘汰和优选中,保留了三种能力:耐寒能力、灵敏的嗅觉和团队协作能力。

爱斯基摩犬喜欢独立,因此需要主人严厉而持续的管教才会听从主人的命令。它们只有被主人套上雪橇才会变成听话的工作犬,否则就是个捣蛋鬼。

爱斯基摩犬具有很强的负重能力,它们之间会因为地位而争斗。这种犬虽然能适应和人类一起生活,但它们只能作为工作犬而不是宠物犬使用,尤其不适合做小孩的伙伴,不适应城市生活。

爱斯基摩犬偏爱寒冷气候,需要大量的体力消耗才能让它们安静(人们最熟悉的就是二哈,网络上戏称为拆迁队队长,它们总有使不完的力气)。

加拿大猞猁
狂 / 妄 / 的 / 大 / 猫

加拿大猞猁属于欧亚猞猁科，又被称为山猫或大山猫，有着茂密的银褐色毛皮，耳朵尖端有长长的黑色绒毛，脚端有宽厚的脚掌。

加拿大猞猁的体长76～106厘米，体重5～17千克，是喜寒动物，栖息环境极富多样性，从亚寒带针叶林、寒温带针阔混交林至高寒草甸、高寒草原、高寒灌丛草原及高寒荒漠与半荒漠等各种环境均有其足迹。

自备"雪地靴"

在寒冷的北极，像加拿大猞猁这种喜欢在夜晚活动的动物，它们能轻松地在厚厚的雪地中自由行走，原因是它们长着长长的腿和宽大的脚掌，就像穿着厚厚的雪地靴一样，这些特点让它们很容易从厚厚的积雪里穿过，而不冻伤脚掌。

独一无二的"捕猎方式"

加拿大猞猁是一种性情狡猾而又谨慎的动物。它们主要以雪兔和一些鸟类为食，而雪兔和鸟类都是非常难以捕捉

❧ [加拿大猞猁]

加拿大猞猁在每年2—4月份交配，妊娠期63～79天，每胎1～5只幼仔，幼仔10～17天左右睁开眼睛，在24～30天时学会走路。在3～5个月后断奶，刚出生第一年和母亲待在一起，第二年就会离开母亲。野生加拿大猞猁寿命为12～15年，圈养的能活24年。

❧ [加拿大猞猁——纪念币]

的。加拿大猞猁为了猎食它们，常借助草丛、灌丛、石头、大树等做掩体，埋伏在猎物经常路过的地方等候着，有时会孤身连续蛰伏几天不动，眼睛死死盯住猎物，直到找到机会后，才出其不意地腾空跃起扑向猎物。如果一跃扑空，猎物溜走了，加拿大猞猁可以连续追赶十几千米而不停歇，一般被盯上的猎物都很难逃脱。

凶猛的加拿大猞猁

加拿大猞猁的凶猛非常出名。因为一只加拿大猞猁可以完全无压力地与一只灰狼战斗。尽管加拿大猞猁体型略小于灰狼，但是它的速度和力量都比灰狼强出一截，而且加拿大猞猁是猫科动物，它能够将爪子和嘴巴结合起来对灰狼进行攻击，这点作为犬科动物的灰狼显然是做不到的。

如果双方单打独斗，加拿大猞猁要比灰狼厉害得多，但是灰狼一般是成群出现，而喜欢独自活动的加拿大猞猁就没办法获胜了。如果遇到这样的情况，聪明的加拿大猞猁会迅速跃上树枝逃离，轻松地躲避狼群的围剿。有时它们还会躺在地上，假装尸体，从而躲避天敌的攻击和伤害。

耳朵上的那撮毛引来杀身之祸

由于加拿大猞猁耳朵上的那撮毛，被一些信徒认为它是"撒旦"的象征，在欧洲遭到了人类广泛的捕杀，到了19世纪，加拿大猞猁已经在欧洲许多国家被彻底赶尽杀绝。直到20世纪70年代，人们才开始意识到应该恢复这个物种的种群。

❧ [**加拿大猞猁**]
加拿大猞猁耳尖上的簇毛可以收集空气中的信息，增强听力，以及区别于其他同类。

兔狲
又/凶/又/萌/的/猫

兔狲的大小似家猫，其面容与猫头鹰相似，有着现存猫科动物中最厚的毛皮，使它们在雪地里匍匐时不会被冻伤。

❧ [兔狲]

兔狲会有各种各样的"表情"。它被称为"猫科动物中表情最丰富的"。兔狲之所以能够成为表情包"网红"，是因为它的双眼很大，瞳孔的收缩方式与家猫截然不同，不是收成一条竖直的线而是缩成一个小圆点。这样的小圆点配上大方脸，就产生了一种喜剧效果。它这可不是为了"卖萌"，而是在适应各种光源，尤其是在夜间，它要依靠大大的瞳孔寻找猎物。

猫 科动物起源于大约三四千万年前的类似猎猫类的原始动物，而兔狲是最早分化出的猫科种类之一。

兔狲又叫洋猞猁，大小跟家猫差不多，能够适应寒冷的环境，栖息于草原、苔原等地带。

天生小短腿

兔狲比加拿大猞猁小，体重为 2 ～ 3 千克，体长 50 ～ 65 厘米，体形粗壮，腿短小，跑得比较慢，连普通人类都比不过。兔狲和多数猫科动物一样，都是小腿短，它们短而有力的腿能够帮助身体降低重心，在爬树时能更加稳健。

圆滚滚的肉球

兔狲生活在寒冷的高原地带，为了抵御严冬，兔狲全身体表的被毛浓密细长。它们有着现存猫科动物中最厚的毛皮，肚子和尾巴上的毛发特别长，使它们在雪地中匍匐时不会被冻伤。兔狲的体色以棕黄色为主，不同个体之间存在颜色差异。

生性凶猛的兔狲

兔狲喜欢独居，常常在夜间行动，拥有发达的视觉和听觉，具有很强的攻击性。它的捕食时间从黄昏开始，一旦触发捕猎模式，就随时准备进攻。兔狲主要以鼠类为食，也吃野兔、鼠兔、沙鸡等。

名字的由来

兔狲本名叫 *manul*，源于蒙古语的"小山猫"，可是明明是一种标准的猫科动物，为什么叫"兔狲"呢？有人是这样解释的："狲"指的是"猢狲"，也就是猴子，另外兔狲喜欢捕食鼠、兔类小动物，所以这种小山猫就被戏称为抓兔子的猴子，也就慢慢地被称作兔狲了。

南极狼

灭 / 绝 / 之 / 路

　　南极狼即福克兰狼，生活在阿根廷最南端的马尔维纳斯群岛上，由于非常接近南极圈，因此又名南极狼，是生活在地球最南端的狼，在 1876 年灭绝，是历史上已知的第一个在历史时期灭绝的犬科动物。

南极狼头体长 97 厘米，尾长 28.5 厘米，模样跟狗非常相近，具有狼的典型特点，那就是尾巴从来不卷起，几乎不攻击人类。主要捕食生活在马尔维纳斯群岛上的食草动物和啮齿动物，还包括鸟类、幼虫和昆虫。

变色极地狼

　　马尔维纳斯群岛靠近南极圈，而且潮湿多雾，岛上草原广阔。生活在马尔维纳斯群岛上的南极狼的体毛会随着季节变化而改变颜色，在冬天时，气温降低，南极狼的毛色会变浅，有时甚至会接近白色；到了夏天，毛色又会变深，有的变成浅黄色，有的则呈现红色。

南极狼的灭绝之路

　　马尔维纳斯群岛上的居民多从事畜牧业，虽然能为南极狼带来更丰富的食物，但也造成了居民与狼群间的矛盾。

　　时间来到 1833 年，英国人来到马尔维纳斯群岛，他们凭借良好的武器（枪支），与当地人一起，组成了一支强大的灭狼队伍，南极狼完全没有反抗的余

❀ [南极狼]

地，被大量地屠杀。到了 1876 年，南极狼就被灭狼队彻底消灭了。

南极狼灭绝后

　　南极狼灭绝后，失去天敌的食草动物和啮齿类动物给当地带来了更大的灾难。这些动物在没有天敌的情况下，迅速繁殖，数量日益增多。它们大量啃食、破坏草场，使原来丰美的草场不见了，取而代之的是大片大片的沙化土地。失去草场的牧人们不得不去另寻生活出路。

　　南极狼的灭绝为人祸，大自然也回报给人类同样严重的天灾。

Chapter 3

极地鸟类

Polar Birds

凤头黄眉企鹅

生 / 命 / 的 / 勇 / 士

凤头黄眉企鹅体长只有 50 ~ 60 厘米，体重 2.5 ~ 4.5 千克，是黄眉企鹅家族中体型最小的，其最大的特点是长有红色的喙和金黄色的长眉，看起来非常漂亮。凤头黄眉企鹅主要分布于南非到南美洲西部及南极洲沿岸。

❦ [凤头黄眉企鹅]

凤头黄眉企鹅以暴躁的脾气和凶悍出名，是最具攻击性的一种企鹅，它们会用坚硬锐利的喙攻击企图接近它们的生物，以沙丁鱼和磷虾为食。

凤头黄眉企鹅除了眼睛上有一簇长长的黄色羽毛外，还因为它喜欢以双脚跳跃的方式在岩石上前进而得名跳岩企鹅。

与众不同的长相

凤头黄眉企鹅与那些黑白色的企鹅不同，它们顶着"鸡冠头"，有着红色的眼睛，在眼睛上方和耳朵两侧，有不相连并且能竖起来的眉毛（其实就是金黄色的装饰翎毛）。它们的身体呈流线型，可以减少游动时的阻力。凤头黄眉企鹅的骨骼沉重而不充气，可以迅速潜入水下；胸骨具有发达的龙骨突起，内含有多脂肪的骨髓；前肢为鳍足状，像船桨一样便于划水，腿很短，趾间有蹼膜相连，可以像舵一样在游泳时掌握方向。

跑酷高手

说到企鹅时，大家都会想到它们笨笨的挪步走路的样子，凤头黄眉企鹅走路的方式往往是往前跳着行走，一步可以跳 30 厘米高，这种行走方式对它们很有利，可借此越过小丘，跨过坑穴，凤头黄眉企鹅的这种走路方式使它成为企鹅家族中的跑酷高手。

专情的凤头黄眉企鹅

凤头黄眉企鹅多数的时间都是漂泊在海上，只有到了交配的季节，它们才会每年返回到同一片繁殖区，而且经常会回到同一个巢穴。

发情期间，雄凤头黄眉企鹅会早一个星期左右到达筑巢地点，然后等待着雌企鹅。雌企鹅往往会姗姗来迟，雄企鹅会根据曾经的味道寻找原来的伴侣，在短暂的交配季节，也就是 20 ~ 30 天的相处后继续各奔东西。

雌凤头黄眉企鹅和其他种类企鹅不同，它们会走进森林产卵，一般会产下 2 枚卵，之后会由雌企鹅的亲属们轮流孵卵，一旦幼鸟被孵化，就开始快速成长，小企鹅破壳 10 周后就可以下海游泳。

帝企鹅

企 / 鹅 / 家 / 族 / 中 / 的 / 王 / 者

帝企鹅也称皇帝企鹅，是企鹅家族中个体最大的物种，分布于南极山脉、罗斯海与罗斯冰棚的交接处。

❅ [帝企鹅]

帝企鹅在怀卵和孵蛋时，不吃不喝，靠消耗自身的脂肪层维持生命，所以在繁殖时"父母"会精诚合作，雌帝企鹅产卵后，卵将由雄帝企鹅孵化，双方错开去补充能量。

帝企鹅一般身高在90厘米以上，最高者可达120厘米，体重达50千克，与其他企鹅相比，其最大的特点是脖子下有一片橙黄色的羽毛，耳朵后部颜色最深，向肚子扩展逐渐变淡。

南极企鹅喜欢群栖，一群有几百只、几千只，甚至上万只，最多者甚至达10万~20多万只。帝企鹅同样喜欢群居，在南极大陆的冰架上，或在南极周围海面的海冰和浮冰上，经常可以看到成群结队的帝企鹅聚集的盛况。

帝企鹅的名称由来

在亚南极岛屿，有一种企鹅以前被认为是最大的企鹅，英语名称是"King Penguin"，"King"意即国王，译成中文，名为王企鹅。后来在南极大陆沿海又发现了一种更大体型的企鹅，比王企鹅还高一头，于是给它取名为"Emperor Penguin"，"Emperor"意即皇帝，这就是"帝企鹅"得名的原因。

唯一在南极冬季繁殖的企鹅

南极的温度极其寒冷，尤其是到了

左图是纪录片《帝企鹅的日记》中的剧照。冬天时，狂风暴雪来临，为了孕育幼仔，成百上千的帝企鹅便会一个挨一个地紧紧站在一起，育儿袋里是企鹅蛋，即使是时速高达 120 千米的狂风，也吹不散这样庞大的队伍。

冬季，气温会下降到零下 60 ~ 70℃，风速可达每小时 200 千米，多数企鹅都会离开，寻找温暖的场所过冬，而帝企鹅则坚持留在这里，它们是唯一一种在南极洲的冬季进行繁殖的企鹅。因为在冬季的南极，小企鹅不会遭受天敌贼鸥的攻击，贼鸥会因无法忍受极寒而离开，企鹅宝宝会相对安全一些。

企鹅体内厚厚的脂肪层有 3 ~ 4 厘米，帝企鹅的脂肪更厚。脂肪层是企鹅活动、保持体温和抵抗寒冷的主要能源。帝企鹅体表覆盖着厚厚羽毛的部分比周围的空气温度要更低，唯一比周围温度高的身体部分是眼睛、嘴巴和脚掌，只有眼睛部分的温度在冰点之上。正是由于帝企鹅身体覆盖多层隔热的脂肪和羽毛，才能使它们在温度低至零下 40℃的环境中，保持 39℃的体内温度。在极寒天气中帝企鹅会停止进食，为了储存热量它们会把脚、鳍和头都蜷缩成浑圆，靠厚厚的脂肪保持体温和抵抗寒冷。

伟大的父爱

雌帝企鹅只产一枚蛋，而且不负责孵卵，因为雌帝企鹅在产卵过程中消耗了大量体能，早已饥肠辘辘，产完卵后就奔向海边觅食，由雄帝企鹅负责孵卵。虽然帝企鹅有着极强的耐寒能力，但要在零下 40℃的气温下孵出小企鹅，也不是一件容易的事。

企鹅蛋不能直接放在地面或冰面上，这会把企鹅宝宝冻坏，雄帝企鹅就双脚并拢，用嘴把蛋滚到脚背上，然后，用腹部的皱皮把蛋盖上。雄帝企鹅双腿和腹部下方之间有一块布满血管的紫色皮肤的育儿袋，能让蛋在 -40℃的低温环境中保持 36℃。

为了躲避寒风，成千上万孵蛋的雄帝企鹅，像雕塑一样，肩并肩地排列在一起，一动不动，不吃不喝，一心一意地孵蛋。

经过 60 天耐心的孵化之后，企鹅宝宝开始破壳，此时雄帝企鹅会因孵蛋而消耗掉 90% 的脂肪层，骨瘦如柴。这个时候雌帝企鹅正好吃饱喝足，膘肥体壮，从远方回来迎接刚出生的企鹅宝宝，用它在胃中储存的营养物质喂养企鹅宝宝。而筋疲力尽的雄帝企鹅，则会离开刚见面的"妻子"，直奔大海，去捕食美味的南极磷虾。

❀ 在南极洲，已知的帝企鹅聚居地有 45 个。这些地方全都受融冰威胁，帝企鹅数目虽然有一段时间的增加，但随着气候的严峻，其数量会大幅减少。

王企鹅

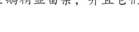

绅/士/企/鹅

　　在未发现帝企鹅前，王企鹅一直是企鹅中的最大体型者，它们身高 90 厘米左右，体重 15～16 千克，但身材比帝企鹅稍显苗条，并且它们头部的橙色更加鲜艳、面积更大。

王企鹅又称国王企鹅，主要分布于南极洲及其附近岛屿海域，这里是地极冷水和北部温水交汇的地方，海水养分丰富，适合王企鹅生存。

帝企鹅和王企鹅不同之处

　　王企鹅更绅士：王企鹅外形与帝企鹅相似，其躯体的大小仅次于帝企鹅，长相"绅士"，是南极企鹅中姿势最优雅、性情最温顺、外貌最漂亮的一种。

　　步速不同：王企鹅步行显得比帝企鹅笨拙，但遇到敌害时可将腹部贴于地面，以双翅快速滑雪，后肢蹬行，速度很快。

　　头部不同：王企鹅颈侧的黄色羽毛颜色比帝企鹅的更艳丽、面积更大；而帝企鹅耳后颜色向下渐变为白色。王企鹅喙上部黑色，和下部的粉色、橘色或淡紫色区域的形状都比帝企鹅要稍微大一点。

　　身体不同：正面一看就能够看出帝企鹅的躯体比王企鹅更宽阔些，而且脖子较短。

❖ [王企鹅]

TERRES AUSTRALES ET ANTARCTIQUES FRANÇAISES

0,46€

Manchot empereur

ANDREOTTO

RF

POSTES 2003

❧ [邮票上的王企鹅]

　　繁殖期不同：帝企鹅和王企鹅都是由雄企鹅负责孵卵，但是帝企鹅在冬天繁殖，而王企鹅则在夏天繁殖。

　　幼仔不同：这两种企鹅中的雌企鹅虽然每次只生下一枚蛋，但是孵化出来的幼仔差别很大，帝企鹅幼仔像只小雪球，全身银灰色绒毛，头部黑色，更像企鹅。而王企鹅的幼仔则呈现灰土黄色，更像一只长了脑袋的猕猴桃。

生存最先遭受威胁

　　王企鹅生活在南大洋靠近南极洲的岛屿上，由于全球变暖和气候变化导致这里的海平面上升，冰川融化，使得王企鹅栖息地附近的食物锐减，其觅食的范围越来越小，气候变化正严重威胁着这一物种的生存。

❧ 帝企鹅是现存企鹅中体型最大的，而王企鹅则是第二大的。看到这里读者不禁会问，还有更大的企鹅吗？事实上确实有，阿根廷拉塔博物馆通过研究已灭绝的卡式古冠企鹅的化石，估计它们的身长超过 2 米，重达 115 千克。

❧ 2009 年 3 月 25 日，杭州极地海洋公园内的"南极企鹅岛"中迎来了来自南极的王企鹅小情侣迪克和格瑞司。这是中国首次引进王企鹅情侣。

帽带企鹅 >>>>>

戴 / 着 / 军 / 官 / 帽 / 的 / 企 / 鹅

帽带企鹅因为脖子底下有一道黑色的条纹，像海军军官的帽带，成为最容易被辨认的企鹅之一。

★

帽带企鹅黑色的头顶加上脖子下一条黑色的条纹，看着好像是戴着头盔一样，所以又被称为颊带企鹅。帽带企鹅体长约 72 厘米，成年帽带企鹅平均体重约 4 千克，主要以南极磷虾、鱼类为食。它们生活在南极洲及南大西洋海域，在新西兰南部也有小部分。

帽带企鹅的繁殖期在夏天，这与其他大多数企鹅类似，它们会在陆地上筑起由石头组成的圆形的巢，然后在巢内由雄性和雌性轮流孵化两枚蛋。企鹅幼仔破壳后，其他种类的企鹅妈妈大部分都会优先哺育强壮的幼仔，但是帽带企鹅不是这样，它们会平等地对待每个孩子。幼企鹅孵化后 7 ~ 8 周，羽毛就可以发育丰满。

帽带企鹅不喜欢和其他种类的企鹅杂居。虽然企鹅种类众多，它们之间都能和平相处，但是种族间彼此不会互相交配，可能正因为如此，一些岛屿上基本都是同一种企鹅在一起生活。

✤ [帽带企鹅]

帽带企鹅是最大胆和最具侵略性的企鹅之一，让人想不到的是它们在正午或半夜潜水觅食，每一次下潜不会持续多过一分钟，深度也不会超过60 米。

黄眼企鹅

家 / 族 / 企 / 鹅

❧ [黄眼企鹅]

黄眼企鹅是体型较大的企鹅，平均身高 70 厘米，头部呈淡黄色，在眼睛部分有一条黄色的"眼罩"。

黄眼企鹅以一双黄色眼睛而得名，比一般企鹅更为珍贵稀有。它们或许是所有存活的企鹅中最古老的物种，而且它们很长寿，一些黄眼企鹅的年龄接近 20 岁。

❧ [新西兰 5 元纸币背面上的黄眼企鹅]

黄眼企鹅是濒危物种，全世界估计只有约 4000只。为了保护这种珍贵的品种，各地的生态区都制定了严格的保护措施，否则一旦它们消失，恐怕我们也只能在新西兰 5 元纸币的背面欣赏它们的美丽了。

用吵架的方式来沟通

黄眼企鹅之间的交流有着特别之处。两只相距较远的企鹅，如果需要沟通，通常会伸长脖子对天大喊大叫，导致胸肌一鼓一鼓的，这两只看起来像是在吵架的企鹅，实际上是在用这种大喊的方式传递信息。

丰富的食谱

黄眼企鹅的食物和其他企鹅不同，它们约 90% 的食物都是鱼类，如新西兰拟鲈、红拟褐鳕、单鳍双犁鱼及蓝背黍鲱，长度介于 2 ~ 32 厘米之间，余下的是头足纲。虾类很少上它们的食谱。它们一般在清晨离开巢穴，花 2 ~ 3 日的时间，在离岸 7 ~ 13 千米及巢穴以外的 17 千米处觅食，可以潜至 34 米的水深处。如

果家里有要哺育的雏鸟，它们会在当天晚上回到巢穴。

生存危机

黄眼企鹅和大多数企鹅一样奉行一夫一妻制，并且是终身配偶，除非传宗接代有问题，否则不会轻易"离婚"。和其他企鹅一样一胎能孵化两枚蛋，但小企鹅的成活率非常低，85% 的小企鹅都无法活过 1 岁。黄眼企鹅的寿命可达20 岁，雄性比雌性长寿，在 10 ~ 12 岁的年龄段中，雄性是雌性的两倍。如今由于失去栖息地、掠食者的威胁以及环境变迁，使之成为濒危物种。

马可罗尼企鹅

像/花/花/公/子/一/样/的/企/鹅

马可罗尼企鹅又称长冠企鹅、长眉企鹅，那簇长于双眼间醒目的橘色羽眉毛，给人一种犹如皇者一样的风范。

❀ 当前世界上约有2400万只马可罗尼企鹅，是世界上数量最多的企鹅。

❀ [马可罗尼企鹅]

马可罗尼企鹅是1500万年前从与它有亲缘关系最近的帝企鹅分支出来的。马可罗尼企鹅与帝企鹅外形十分相似，但马可罗尼企鹅面部为黑色，而帝企鹅面部为白色。

马可罗尼企鹅又称为长冠企鹅（Macaroni penguin），其中"Macaroni"一词泛指18世纪英国那些装扮华丽浮夸的花花公子，而这种企鹅一头华丽的金色羽毛，正符合了花花公子的长相。马可罗尼企鹅分布于南极半岛至亚南极群岛，繁殖地在南极半岛附近。

马可罗尼企鹅的体重为3.2～6.1千克，身高51～77厘米，雌性明显小于雄性。它们的头顶部有黄色的较长羽毛，眼睛为红色，腹部、胸部和尾部呈现白色，头部和脸颊为灰色或黑色，背部呈现蓝黑色。马可罗尼企鹅属于跳岩企鹅的一种，生有一双大脚，以磷虾为食，也捕食鱿鱼和小鱼。

不受重视的第一胎

马可罗尼企鹅终日漂泊在海上，到了交配的季节它们会成群返回繁殖场，寻找去年的伴侣。马可罗尼雌企鹅和其他的企鹅一样会产下两枚蛋，第一枚蛋很不受企鹅夫妇重视，因为这枚蛋很小，只有正常蛋的61%～64%大小，这枚蛋经常会被栖息地的海鸟如贼鸥等吃掉，

❈ [马可罗尼企鹅]

马可罗尼企鹅和凤头黄眉企鹅的区别：
（1）长眉的颜色：马可罗尼企鹅的长眉是橘色的，颜色更加艳丽一些。
（2）长眉的方向：马可罗尼企鹅的长眉是向上高高扬起。
（3）冠羽：马可罗尼企鹅除了那两簇高高扬起的长毛外，两眉间是没有长毛的，而是有与长毛相同颜色的艳丽眉羽。

❈ [凤头黄眉企鹅]

（1）长眉的颜色：凤头黄眉企鹅的长眉颜色是黄色的。
（2）长眉的方向：凤头黄眉企鹅的长眉是向下垂落的。
（3）冠羽：凤头黄眉企鹅除了那两簇黄色羽毛之间，还有黑色的高高扬起的长毛。

生存机会非常渺茫。三天后，雌企鹅将产下第二枚蛋，这枚蛋是正常大小的，也将是企鹅夫妇会精细照料孵化的蛋。孵卵和哺育由企鹅父母轮流负责，孵化需要 5 个星期，一般分为三班，雄企鹅先孵化第一班，雌企鹅负责第二班，当雄企鹅返回值第三个班次时，雌企鹅出海并不再返回，直到小企鹅出生。

集体幼儿园

小企鹅出壳后，会由雄企鹅继续负责看护 20 天左右，随后将被送往由众多小企鹅组成的托儿所，这些小企鹅聚集在一起抵御天敌和寒冷的天气，并由企鹅群中的雌、雄企鹅统一照顾 60 ～ 70 天，直到小企鹅能够独立生存。期间它们的

父母要共同出海，才能为它们准备足够的食物。

❈ [电影《Happy Feet》]

这部电影在国内翻译为《快乐的大脚》，讲述了一群南极企鹅的故事。上图中是马可罗尼企鹅诺亚。

阿德利企鹅

毫/无/节/操/的/恶/棍

阿德利企鹅是企鹅家族中的中小型种类，是人们熟知的腾讯 QQ 图标的原型，身高 72～76 厘米，广泛分布于南极，是南极最常见的企鹅。

❋ [阿德利企鹅]

阿德利企鹅在返回繁殖地时常和赶往大海的帝企鹅幼仔相遇，阿德利企鹅常常会先护送帝企鹅幼仔到海边，然后啄咬帝企鹅幼仔，将它们赶下大海，或者毫不犹豫地攻击帝企鹅幼仔，好让它们腾出一片繁殖的空地。

阿德利企鹅的名称来源于南极大陆的阿德利地，此地是 1840 年法国探险家迪雷·迪尔维尔以其妻子的名字命名的。

阿德利企鹅在企鹅家族中属于中小型企鹅，是一种最早广泛存在于南极的"土著"，它们外表是"黑白配"，皮肤上绝对没有杂色的存在，形成了人们视野中的"标准企鹅"形象。它们喜欢集群活动，喜食磷虾、乌贼和海洋鱼类。阿德利企鹅能下潜到 175 米深的海域觅食，游速可达每小时 15 千米，并可跳高达 2 米上岸，以逃避海豹的捕食。

让人大跌眼镜，企鹅家族的败类

人们熟知的许多企鹅家族对配偶都非常忠诚，它们遵循一夫一妻制。大部分阿德利企鹅也遵循一夫一妻制，并且都对爱情忠贞，但是有些阿德利企鹅却并非如此，它们的行为让人大跌眼镜。

一位名叫乔治·穆墨·利维克的英国外科医生在 20 世纪初的南极考察工作中发现这些身着晚礼服的小个子绅士其

实是流氓、恶棍。1911—1912年，利维克在南极阿代尔角的阿德利企鹅栖息地进行观察。期间，他见过雄企鹅强行与雌企鹅交配、雄企鹅与雄企鹅交配、雄企鹅和死去的雌企鹅交配，甚至还看见了雄企鹅虐待幼企鹅的场面。他将所见所闻写在一份短报告《阿德利企鹅性习惯》中，供小部分专家传阅。

石头就是财富

阿德利企鹅分布于南极的最南端，那里冰天雪地，所以想要繁殖下一代就要找到合适的场地。它们首先会来到一片没有冰雪的区域，然后拱出一块凹地，再衔拾大量石头铺在洼地，这样有石头的阻隔，企鹅蛋可以不直接接触地面，在避免了凉气的同时又能在雪水中保持干燥。

在阿德利企鹅心中石头就是财富，有了石头就能有美丽的巢穴，有好的巢穴才能吸引伴侣，这也是石头受到阿德利企鹅重视的主要原因。

偷石头

阿德利企鹅为了石头费尽心机，有的为了筑巢不惜干起了小偷的营生，偷偷到其他企鹅巢穴中偷几个，既省力又省心，为了不被其他企鹅发现而挨揍，它们更使尽了浑身解数。它们会趁邻居外出找小石子时，以迅雷不及掩耳之势奔到别人的地盘叼走一块。为了避免邻

最早的南极土著

❀ 说到南极，我们就会想到企鹅，而且知道南极的企鹅种类众多，那么是什么时候开始企鹅在南极安家落户的呢？

我国科学家利用湖泊沉积柱中的生物标型元素等指标，识别出企鹅粪土沉积层。证明了南极的冰盖层大约在15 600年前开始消退，此后约在10 000年前出现了阿德利企鹅聚居地，比之前南极企鹅存在的记录提前约6000年，也就是说阿德利企鹅是南极最早的土著。

❀ 阿德利企鹅的繁殖季节在春季，配偶关系比较固定，通常每年繁殖期都是同一个伴侣，企鹅夫妇记得彼此之间的叫声，靠着叫声找到对方。雌企鹅产出2枚蛋，由雄企鹅孵化4周后小企鹅出生，通常只有一只小企鹅存活。

❀ [阿德利企鹅]
阿德利企鹅会在春天从大洋返回繁殖地，雄企鹅争相赶到筑巢地，会为了争夺最好的地盘而大打出手，谁都不愿意让出黄金地段。

※ [阿德利企鹅]

※ 如果一个阿德利企鹅家庭有两只幼仔，企鹅父母捕食回来后，就会故意奔跑，引诱幼仔争夺，它们会观察哪个孩子更强壮，就认为哪只生存下去的概率高，食物就会喂给它。落后的幼仔必须下一次追上，否则就活不长了，这也是为什么通常只有一只小企鹅存活的原因。

居回来时起疑心，小偷企鹅还会假装四处望风景。

用身体换石头

除了偷之外，使用"劳务"获得石头，也是一种有效的途径。当雌企鹅对配偶筑的巢不满意时，它会使用"卖淫"的方式勾引其他雄企鹅，事后可以从它家取走一块或者几块石头作为报酬。

有的雌企鹅相当狡猾，它们首先抛出可以"卖"的信号给雄企鹅，当雄企鹅兴致正高时，雌企鹅一个翻身顺便叼上一块石子撒腿就跑，留下一脸茫然的雄企鹅。

阿德利企鹅"它们似乎没有什么底线"，是十足的恶棍。它们虽然拥有世界上最可爱的外表，但它们却是史上最流氓、最无节操的企鹅，没有之一。

北极为什么没有企鹅？

※ 说到企鹅时，很少有人会提及纲属，其实企鹅属于脊索动物门鸟纲，也就是说它们原本属于鸟类。在约1亿年前，南极的企鹅是会飞的，它们本来应该栖息在大树上，由于南极气候的转变，许多植物死亡，海水淹没了那些植物，然后又被冰雪覆盖，企鹅就慢慢进化成了陆地上行走的动物。

如果从鸟纲上来看，北极原来有这样一种生物，名叫大海雀，长相与企鹅非常相似，不仅如此，大海雀也不会飞，但是它擅长游泳，在陆地上走得十分缓慢，最关键的是它的肉非常美味，这就导致了大海雀被大肆捕杀，最终灭绝。

雪雁

极/地/青/鸟

雪雁羽毛洁白，只在翅膀处有黑色一角，主要分布于极地的苔原冻土带。

★ ❧ ★

雪雁又被称为白雁，除了翅膀一角外，通体雪白。雪雁身长 66 ~ 84 厘米，体重 2 ~ 2.5 千克，雄雁略大，这种体型在雁科中属于大体型一族。

雪雁拥有一副坚硬的喙，很适于挖掘地下植物的根，因此它是素食主义者。在北极，它主要摄食不同植物的根茎、耕地玉米种子、杂草和木贼属植物。在越冬期间，则主要摄食谷物以及庄稼的嫩枝。雪雁性情胆怯，晚上多栖息于水上，但白天多在陆地活动；善于游泳，也善陆地行走，飞行有力而稳健。

或"人形"或"一字"

许多鸟类有迁徙的习性，雪雁也不例外，它们的飞翔能力很强，能够适应远距离的迁徙。在迁徙途中大批雪雁会一起飞，就像我们曾经学过的课文中介绍的一样："一会儿排成个人字，一会儿排成个一字"，形成有序的队列。

换毛危险期

为了每年的迁徙，雪雁会提前寻找一块安全的区域，更换羽毛。大多数鸟类在换羽时，多是逐渐更替的，使换羽过程不致影响飞翔能力。但是雪雁却会在很短时间内，一次性脱落全部的羽毛，在这个时期内完全丧失了飞翔能力，所以雪雁必须隐蔽于湖泊草丛之中，以防敌害的捕食。换毛季结束后，雪雁们会聚集在一起，最多可达 10000 只，稍加休整，就开始了飞往越冬区的征程。

❀[雪雁]

繁殖

雪雁是终身一夫一妻制，求偶和交配时彼此不断用头浸水和鸣叫，尾竖直起来，两翅半张，然后雄雁爬到雌雁背上进行交配。每年的5月下旬，它们就开始回到海岸平原一带筑巢，在巢里面铺满杂草，产下4～6枚蛋，孵化期为22～23天，营巢和产卵在整个种群中相当同步，雪雁在繁殖时，孵卵由雌鸟承担，雄鸟在巢穴附近担任警戒和保卫巢穴的任务。雌鸟在此期间每天仅短暂离巢觅食，在孵卵后期基本不离巢。刚出生的幼鸟不会飞，母雁会将它们带到河流、小溪边的隐蔽场所，和许多雪雁家庭联合成一个群体，数量可达150～250只，以逃避捕猎者的追杀。小雪雁在母亲的辛勤抚养下茁壮成长，短短的35～45天后，即可展翅高飞了。

海鹦

冰 / 岛 / 国 / 鸟

海鹦是一种海鸟，喜欢在海面游水，主要生活在北极一带，是一种珍贵的鸟类。

★ ❦ ★

海鹦背部的羽毛是黑色的，腹部是白色的，脚丫是橘红色的，面部颜色鲜艳，三角形的大嘴巴非常抢眼，像鹦鹉那样美丽可爱，因此人们称它为海鹦，是冰岛的国鸟。

飞行的土豆

外形漂亮的海鹦在飞行时并不太灵巧，它们在水下靠翅膀拨水游动，在水上起飞靠双脚踩水，翅膀小脚丫大，吃饱了鱼的肚子圆鼓鼓，飞行时在空中会高频率地拍动双翼，能够达到每分钟400次。纽芬兰人称它们为"飞行的土豆"。

专情的海鹦

每年夏天，海鹦会长出鲜艳的嘴巴和眼线，用来吸引配偶，一旦找到配偶便终生不渝，夫妻俩每年夏天会千里迢迢，从越冬的海域飞到去年筑的巢中，由双亲一同孵化及喂养雏鸟。雏鸟出生后6个星期，全靠父母捕来的鱼喂养。雏鸟都比较肥胖，6个星期后，雏鸟开始

❧ [海鹦]

海鹦虽叫鹦，却与鹦鹉没有关系，它们白的脸配上鲜艳的鸟喙虽像鹦鹉，身体却圆滚滚的像鸽子，因此西方人叫它 Puffin（原意是"胖嘟嘟"）。

✤ 海鹦属中有 3 个物种，分别为北极海鹦、角海鹦和簇羽海鹦。其中北极海鹦是北极地区特有的一种珍禽。

✤ 海鹦到夏天便长出颜色鲜艳的嘴巴和眼线来吸引配偶。它们之间通过橙色的喙作为求偶的工具，只要双方轻轻一扣喙，就完成了结婚的仪式，成为夫妻了。

单独生活，身体变瘦，等到羽毛丰满后就飞到海上独自谋生。

海鹦喜欢成群结队的飞行

海鹦喜欢成群结队的飞行，这种统一飞行行为，是海鹦的有效防卫和自卫行为，用结群飞翔的方式向其他动物显示庞大群体的威力，同时这么多的海鹦一起飞翔，很明显是在警告入侵者不得进入其栖息地的范围和领地。

✤ 随便在网络上搜索海鹦，都能够看到一张海鹦满嘴小鱼的照片，它是怎么做到一次叼这么多鱼的呢？
这归功于海鹦的嘴，海鹦有三角形宽短而尖、强而有力的嘴巴，嘴巴上特殊的深沟构造和上颚的尖刺，让猎物不致脱落，使它可以放心张口捕捉其他小鱼。一般来说，海鹦一次可捕捉 10 条鱼，也曾有捕获 60 多条鱼的纪录。

✤ 海鹦靠捕食海鱼为生，并会以细小的海鱼来喂食幼鸟。

✤ [捕食的海鹦]

飞快旋转的环状队形

海鹦的日常生活比较悠闲，梳梳毛，与伴侣谈谈情，甚至有时会和同伴打打架，但是一旦遇到外敌，它们便会摒弃一切，一致对外，如有凶恶的敌人入侵，鸟群会发出一片警告声。随后便成群结队地盘旋而起，最后形成一个飞快旋转的环状队形，乌泱泱的，天空上一大片飞旋着的海鹦，使入侵者晕头转向，难以找到进攻的突破口，不得不知难而退。

海鹦曾广泛分布于北欧地区，后来由于不能适应迅速改变的生态环境和外来的袭击，数量已在不断减少，如今成为世界上数量最少的鸟类之一。

✤ 北极海鹦会猎食玉筋属、鲱属及柳叶鱼。它们一次可以带回几条鱼，有时可以超过一打。它们会将小鱼含在喙中，而非反刍吞下小鱼。

[雪鸮]

雪鸮 》》》》

哈/利/·/波/特/的/宠/物

雪鸮是一种大型猫头鹰，羽毛非常漂亮，通体雪白色，有时也会布满暗色的横斑，栖息于北极的冻土和苔原地带。

过《哈利·波特》系列电影的观众应该知道，哈利有一只宠物，通体雪白，非常漂亮，其实它就是一只雪鸮。

雪鸮是鸱鸮科的一种大型猫头鹰，头圆而小，面盘不显著，没有耳羽簇，因全身几乎为雪白色而得名，多为昼行性鸟类，是很有特点的一种猫头鹰。

> ❧ 雪鸮和猫头鹰从面相上看非常相似，那它们是同一种生物吗？
> 其实，它们都属于鸟纲，鸮形目。鸮形目中的所有动物都叫猫头鹰，而雪鸮是猫头鹰属下的一个种类，简单来说雪鸮是猫头鹰中的一种。

严寒中的生活

雪鸮体长 50 ~ 71 厘米，而翅膀能达到 125 ～ 160 厘米，所以拥有强悍的飞行能力。它们全身羽毛非常浓密，甚至连脚趾头上都覆盖着厚厚的羽毛，雪鸮身上这么多的羽毛完全是为了抵抗北极刺骨的寒冷。每当风雪交加的时候，它们就会找到石堆、雪堆或是某个岩石的背后作为避风处，然后蜷缩身体，让整个身体好像都缩进了浓密的羽衣之中。

猫头鹰是晚上活动、白天休息的鸟类，而雪鸮的活动规律和猫头鹰截然不同，它们是白天活动、晚上休息的大型猫头鹰，只是偶尔会在黄昏后捕猎。

雪鸮是喜欢独居的鸟类，每平方千米中平均最多只会有 2 对同类，如果遇到食物匮乏的时期，则还会更少。

迁徙——最远可达亚洲中部

到了冬季时，雪鸮会向南游荡迁徙，最远可到达亚洲中部，到了迁徙地后，

❀ [哈利·波特的雪鸮宠物海德薇——剧照]

雌鸟不会四处游荡，它们会划出地盘定居，并且会保卫领地，防止外来者入侵，直到春天它们才会离开家园向北迁徙。这种迁徙习惯不是每只雪鸮都有，它们之中会有很少的一部分没有迁徙习惯，而是近距离四处游走。

雪鸮的叫声多变

雪鸮和其他鸟类一样会通过叫声表达各种情绪和传递信息，它们的叫声多种多样，有狗吠声、咯咯声、尖鸣声、嘶嘶声和碰击喙的声音等。雄鸟声音相对嘶哑，雌鸟声音柔和。雄鸟比雌鸟鸣叫得更为频繁，雌鸟很少鸣叫，显得安静。面对威胁和骚扰时，它们会碰击喙发出声音。它们的叫声多发生在繁殖期间，在繁殖期外它们是非常安静的。

发达的听觉和视觉

雪鸮喜欢伫立在高处，用它金黄色的眼球扫视着茫茫雪地。雪鸮拥有超强的远视能力，能将雪原上的风吹雪动尽收眼底。除了视觉，雪鸮的听力也相当敏锐，雪鸮脑部两侧各有一簇羽毛挡住耳孔，并且左右的羽毛高度不同，通过声音的反射差异，让雪鸮能更加准确地判断声源的位置，再配合超强视觉，任何猎物只要有一丝移动便无所遁形了。

过着没有天敌的日子

雪鸮主要以极地常见的小型哺乳动物为食，主要包括旅鼠和幼年岩雷鸟等，

✤ [雅典娜银币——正面]

✤ [雅典娜银币——反面]

古雅典的四德拉克马（古雅典的一种货币单位）银币正面有猫头鹰的形象，这只猫头鹰是雅典守护神雅典娜的象征，雅典娜也是古希腊的智慧之神。此后，猫头鹰就继承了"智慧之神"的衣钵，代表了"智慧与洞察力"。当然，猫头鹰夜晚出来活动的特点也让人把它和学院派的学究们、智者们夜晚少睡的特点联系在一起，因此被赋予了"智慧"的象征。

✤ 莎士比亚曾在《维纳斯与阿都尼》中写道："猫头鹰，黑夜的信使。"在很多国家，猫头鹰象征着人类去世之后的灵魂。也有一些国家将它视为精神导师，允许人类（通常是巫师）与它精神相通或利用它们的超能力。

✤ 自中世纪以来，欧洲神话中常有关于猫头鹰的描写，而且大多与巫师关系密切。

食物匮乏时也会游荡到其他地域取食啮齿类动物、雉类、雁鸭类和雪兔等。

因为雪鸮拥有着强大的俯冲力量，当它们在低空飞行时，一旦发现了猎物，就会像离弦之箭一般冲向猎物，用坚硬的喙叼起猎物，再快速升空飞起。直到猎物放弃挣扎，才会找一处安静的地方享受美食。

在北极它们很少有天敌，很悠闲地活在食物链的顶端。但是它们的鸟蛋却未必安全，也需要时刻警惕那些偷鸟蛋吃的生物。

饱暖思淫欲

雪鸮终身为一夫一妻制，不过当食物极度充足时也可能有一夫多妻，但这种情况很少。雪鸮的繁殖并不像其他鸟类那样规律，而是根据食物供给情况来定。如果食物极度缺乏，吃不饱肚子，它们就会连续几年不繁殖；如果食物充足，就会年年繁殖。雪鸮这种行为，再次证实了那句古话"饱暖思淫欲"呀。

如果当年食物充足，雄鸟就会先确立自己的地盘，雌鸟也会选择产卵地点，一般是在视野开阔的无雪地点。接下来就是求偶了，雪鸮的求偶方式很有特点，雄鸟会在天空翩翩起舞，嘴里叼着猎物，在雌鸟面前表演各种飞行动作，或者在地面上把猎物送到雌鸟嘴边。

抚育孩子不容易

雪鸮的繁殖期为5—8月，每窝产

卵 4 ~ 13 枚，有时也会不到 3 枚，窝卵数通常与北极地区旅鼠的数量增长周期相一致。卵为椭圆形，白色的。产出第 1 枚卵后雌鸟就开始孵化，孵化期为 32 ~ 34 天。这期间，雄鸟主要在附近警戒并为雌鸟提供食物。雏鸟出生 14 ~ 26 天后开始长羽毛并离巢，此时它们还不会飞，只能在巢位附近四处游走。父母会继续喂养它们，雄鸟会捕食猎物带给雌鸟，由雌鸟将食物分成小块并去除骨头和羽毛，将纯肉喂给雏鸟。如果食物不足，较大的雏鸟就会抢到食物，而小的就会饿死。一个有 9 只雏鸟的雪鸮家庭在雏鸟独立前，一年最多能消耗 1500 只成年岩雷鸟，相当于 120 千克食物。

越老就越白

雪鸮身披洁白的羽毛，上面不规则地分布着一些斑点，而这些斑点随着雪鸮的年纪变化而变化。

一般雏鸟身上会密布着黑色的斑点，随着年龄的增长，雪鸮的斑点会逐渐褪去。但对于雌雪鸮来说，这些黑斑减少得并不显著，因此，成年的雌雪鸮依然带有很多黑色的横斑，以利于孵卵和育雏时隐藏自己。而雄雪鸮的黑斑则会大量褪去，成年雪鸮全身显现出近似雪白的体色。

雪鸮之所以被世人所知，是托《哈利·波特》系列电影中哈利的魔法宠物海德薇之功。电影中的雪鸮形象，让更多的人也想拥有这样一只宠物，但雪鸮并不适合做宠物，因为它们身强体壮，精力旺盛，攻击性十分强，而且还有着惊人的食量以及有呕吐腥臭食物的特性，所以让它们自由地在雪原之上飞翔，才是它们最幸福快乐的时刻。

> 🌿 在一些国家，人们常常把猫头鹰和古老的森林联系在一起，因此当今的一些环境资源保护组织又把它们视作森林或资源兴衰荣败的标志。

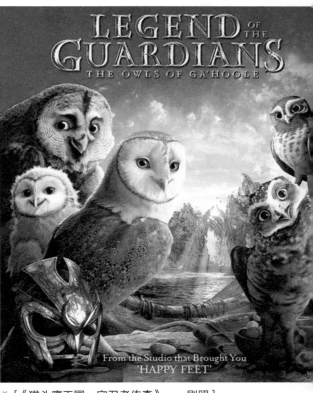

🌿 [《猫头鹰王国：守卫者传奇》——剧照]

这是一部动画片，要了解猫头鹰与巫师文化的话，可以从这部电影开始。影片讲述了一只名为索伦的猫头鹰，被圣艾姬一伙绑架。圣艾姬一伙会将猫头鹰们洗脑，使它们成为战士。最终，索伦和它的新朋友们逃到了珈瑚之树的岛屿，去帮助那里的高贵英明的猫头鹰们，对抗圣艾姬一伙的邪恶大军。这部电影的编剧一定有着了不起的生物学功底，才能将猫头鹰的故事写得如此真实。

极地鸟类

流苏鹬

为/了/吸/引/母/鸟/不/惜/与/同/性/激/情/四/射

流苏鹬是一种大型鸟，不同时期的流苏鹬有着非常明显的羽毛差异，喜欢栖息于北极冻原、平原草地的湖泊与河流岸边及湿地、沼泽上。

说到一个成语"鹬蚌相争"，估计很少有人不知道。这个成语中的鹬个头不大，通常生活在水边，喜食贝类等小型无脊椎生物，然而流苏鹬却是个头稍大的家伙，雄鸟可长到 28 厘米左右，雌鸟 23 厘米左右。

流苏鹬的英文名字叫 Ruff，Ruff 解释为"飞边"（流行于 16—17 世纪的欧洲的白色轮状皱领，也叫"伊丽莎白圈"），中文的意思大概就是衣饰的褶襟，而流苏鹬之所以叫这个英文名，是因为有些雄鸟的脖子上有这么一大圈华丽的羽毛。

流苏鹬主要捕食软体动物、昆虫、甲壳类等，也食水草、杂草籽、水稻和浆果。有时它们涉入水中啄取食物时，会将嘴深入水里，甚至把头也浸入水里，以期获得更多的食物。

❧ [艳丽的雄流苏鹬]

流苏鹬繁殖期栖息于冻原和平原草地上的湖泊与河流岸边，以及附近的沼泽和湿草地上。非繁殖期主要栖息于草地、稻田、耕地、河流、湖泊、河口、水塘、沼泽以及海岸水塘岸边和附近沼泽与湿地上。

华丽的伊丽莎白圈

雄流苏鹬正常时羽色素淡，上体深褐具浅色鳞状斑纹，下体白，两肋常具少许横斑。一旦到了繁殖期，它们会换上华丽的羽毛。身体呈现黄色、橘红色或红色，在颈侧和胸部有十分夸张的流苏状饰羽，这便是雄鸟的外衣。

雌鸟除了体格明显小于雄鸟外，到了繁殖期，雌鸟羽毛虽然没有雄鸟那么夸张，但是也会变得略为鲜艳一些。

三种不同的雄鸟

从每年 5 月开始，进入流苏鹬的繁

殖期。由于雌、雄鸟之间没有固定的配偶关系，不形成对，一群雄鸟就会聚焦在开阔的草地，热情地表演和展示自己，直到有雌鸟过来将其挑选走为止。

有了解鸟类的朋友应该知道，雄鸟的羽毛都会比较靓丽，但是在流苏鹬群体中却不一定。因为流苏鹬雄鸟有三种非常不同的羽毛类型，这是不同的三种性格，也是三种不同的流苏鹬雄鸟社会形态。

第一种是领土主人形态：这种流苏鹬雄鸟的项圈是浓烈的黑色或者栗色，它会在求偶场划定一米见方的区域，不许其他领主雄鸟进入。在这片区域里，它会尽情地进行各种展示，而且还有非常高的警惕性，守卫森严，一旦有其他雄鸟发生越界，战斗便会立刻开始。

第二种是花花公子形态：这种流苏鹬雄鸟体型稍小，项圈或是黑白相间，或是纯白色。这种鸟没有自己的专属地盘，而是跑到其他领主雄鸟的区域中去与雌鸟交配。

这种形态的雄鸟容易获得雌鸟的青睐，所以领主雄鸟一般为了能获得更多雌鸟的光顾，会忍气吞声地容忍这些花花公子存在，或许领主雄鸟是想要"统治"它们，但是却不希望它们碰"自己的女人"。可是总是防不胜防，花花公子们得手之后，便会在领主雄鸟的追逐中逃走。

第三种是"伪娘"形态：这种流苏鹬雄鸟的羽毛颜色在繁殖期与雌鸟的几乎一样，就是它们的体格稍稍大一点，它们会冒充雌鸟混入领主雄鸟的领地，抢夺领主雄鸟的"老婆"。"伪娘"型的雄鸟拥有硕大的性器官，只为了能够在生产下一代时一举中的。

流苏鹬是一夫多妻的社会结构，但选择的决定权在雌鸟，雄鸟不可能对会飞的、独立觅食的雌鸟施加任何控制。也就是说，如果想拥有更多的"老婆"，雄鸟就必须把自己维持在非常好的状态，让更多的雌鸟喜欢自己。

❧ [雌流苏鹬]

黑雁

冷/水/海/洋/鸟

黑雁通体黑色，只在脖颈两侧有少量白色图纹，分布在北极圈以北、北冰洋沿岸及附近岛屿。

✿ [黑雁]

黑雁通常会窝群集中换羽，换羽期间会失去飞翔能力，大约一个月后待新羽长出后才会重新获得飞翔能力。

黑雁体长 60 厘米左右，翼展 1.1 ～ 1.2 米，体重 1.1 ～ 1.7 千克，属于中等体型，喜欢栖息于海湾、海港等地，是典型的迁徙型鸟类。

有规律的生活

黑雁善于游泳和潜水，飞翔的速度也很快。成群飞行的时候会成"一"字或者"V"字形队伍。

清晨，天刚开始发亮，黑雁就会飞到海洋植物茂密的海边沼泽地带和海边烂泥地上觅食，它们是完全素食主义者，以藻类、苔藓、地衣、夏季海草、海蓬子、绿藻、粮食种子和冬小麦嫩苗为食。到了中午便会飞回海岛或者在海中的岩石中休息。下午继续出去觅食，直到晚上才会栖息在辽阔的海面上。黑雁就是这样日复一日地有规律地生活着。

简易的豪宅

黑雁的繁殖期在每年的 6—8 月，它们会选择在北极沿岸苔原低尘地带或土堆、岸坡上离潮汐不远处筑巢。它们的巢穴很简单，就是在避风的地方找个凹坑，或者由雌鸟在松软的沼泽地上来回踩踏出一个坑，再在坑内铺上干草、动物毛发或羽毛、绒毛。一个它们眼中的豪宅就这样完工了。

黑雁在 6 月初至中旬开始产卵，每窝产卵 3 ～ 6 枚，偶尔 8 枚，通常是 4 枚。由雌鸟孵卵，雄鸟在距巢穴 100 米范围

erulfat denira.   Bernace.

内守候警戒。孵化期为 22 ～ 28 天，雏鸟孵出后就有绒羽，羽毛干后就可以随着父母活动。

繁殖期过后，黑雁会举家搬迁到各种湖泊和水塘中。到了冬季会向南迁徙到中国东北及东部沿海地区，最南至福建沿海和台湾，在中国为冬候鸟。

暴脾气

黑雁喜欢成群的活动和栖息，而且性子活跃，它们也是比较恐怖的族群，因为它们有着无所畏惧的性格。

在加拿大北部的黑雁就将"小暴脾气"发挥到极致，因为它们会主动攻击人类。除此之外，那些超大型的动物，它们也不会放在眼里。在某视频网站中，一则大象与黑雁搏斗的视频很好地说明了这点。

黑雁和大象之间的战斗力悬殊无须

❧ [关于黑雁的传说]

早先时期，欧洲人对黑雁并不了解，因为只有在冬天才能见到成鸟，却从来看不到它们筑巢孵蛋，便以为它们是树上或藤壶里长出来的。于是根据这个传说，就成就了这幅像挂炉烤鸭一样的黑雁成长树。

❧ [保存在德国威斯巴登博物馆的黑雁蛋]

比较也能看出来，这个差距可不是一般的大，但是即便如此，大象也无法制服气势逼人的黑雁。

视频中大象用鼻子喷水，向黑雁发起一波又一波的进攻，但这只勇敢的黑雁飞到大象背上，攻击它的脖子；随后又站立水中拍打翅膀，用喙威胁大象，并准备攻击。大象威胁着靠近黑雁时，这时黑雁甚至都没有后退……

大象的进攻并没有停止，而黑雁也没有退缩，这一切似乎正印证着那句"狭路相逢勇者胜"的话，同时也证明了黑雁是个无所畏惧的家伙。

残忍的父母

黑雁属中有一种白颊黑雁，羽色为漂亮的灰、白、黑色，背部色灰，其最大的特点是面有白斑，是一种很容易识别的黑雁。

雁类都遵循优胜劣汰的自然法则，而白颊黑雁对此法则诠释得更为彻底。纪录片《生命之旅》中就详细记录了一个血腥而残忍的场面。

为了避免食肉动物如北极狐、北极熊偷吃它们的蛋以及躲避野兽的捕杀，白颊黑雁把巢建在了悬崖峭壁上，然而刚孵化不久的白颊黑雁幼仔，就需要经受一次悬崖峭壁的死亡考验。

白颊黑雁父母会在高高的岩石上给幼仔做飞行示范，然后停落在悬崖的底

❧ [白颊黑雁]

部用叫声呼唤幼仔，幼仔们会一个接着一个地跳下悬崖，小小的灰色肉球就这样垂直往下坠落，有些幼仔会本能地扇动翅膀，让身体降低坠落速度。有些幼仔则在坠落的过程中就撞上了峭壁，有些或许能到达悬崖底部，但是也被摔伤了。只有通过这种考验的幼仔才能跟随父母去寻找食物，而那些不幸遇难和重伤的幼仔，就会变成其他食肉鸟类或者一些动物的食物。

贼鸥

霸 / 气 / 盗 / 贼

贼鸥是一种凶悍的鸟类，它们干惯了像"抢劫""霸占巢穴""杀害企鹅"这样的事情，但不妨碍它们作为南极珍贵鸟类的存在。

★ ❀ ★

贼鸥略大于普通海鸥，羽毛多呈黑色，飞行能力强。贼鸥科有1属5种，其中4个种栖息于北半球，2个种栖息于南半球。生活在南极乔治岛上的南极贼鸥，喜欢在山包上建窝，有自己的领地，一旦发现有"外族"侵入，便会与其展开殊死决战。

从小就生死搏斗

贼鸥都是成双成对的栖息，它们会产下两枚卵，先孵化出世的小贼鸥占有绝对的优势，而它们从来没有礼让这一

❀ [贼鸥]
南极贼鸥是在地球上最南纬度可发现的鸟类，有在南极点上出现的记录。贼鸥在两极营巢，在极地间做横穿赤道的远距离迁徙。

说，先出生的幼鸟总是会先夺得父母带来的食物，即便是另一只吃不上食物，父母也不会过多干涉。

成年贼鸥若是发现孵化的幼鸟过于弱小，便会把它们赶出鸟巢。一旦幼鸟离开鸟巢，邻居们就会过来将其猎杀，有些更惨的甚至会被企鹅踩死。所以能够生存下来并顺利长大的小贼鸥，绝对都是拥有强悍生命力的那一只。

能抢到的，绝对不会亲自捕猎

贼鸥凭借其强悍的飞翔能力，坚决贯彻机会主义作风：能抢到的，绝对不会亲自捕猎。

贼鸥需要进食的时候，常常会注视着海面上勤劳捕食的燕鸥，一旦被贼鸥发现哪只燕鸥嘴中有了收获，它们就会飞扑向那只有了收获的燕鸥，通过对燕鸥进行冲、撞、撕、咬，各种花招齐上阵，体形弱小的燕鸥只有交出食物，才能捡得一条命。

❧ [贼鸥]

贼鸥属中有一种生活在北极的短尾贼鸥，当北极的极夜来临时，它们会向南方迁移，最远可飞到南海，有时会因台风而深入内陆，曾在我国广汉被人发现过。

❦ 贼鸥因它惯偷的习性而得名，在南极这样的环境下能顽强地生存下来，就是靠它的偷盗本领、凶猛无比和锲而不舍的精神。

❦ 贼鸥是非常凶悍的鸟类，强悍到什么程度？人们可能无法想象，在南极，许多鲸身上有被攻击的伤痕，据研究这是南极贼鸥趁鲸浮到海面，露出脊背换气时攻击留下的。

❦ 贼鸥对于人类也是毫不畏惧。一旦人类误入了贼鸥的繁殖区，这种鸟将会凶悍地"追杀人类"，一只贼鸥的战斗力不行，那就10只，100只，组成"空中大军"，全方位地进攻，人类往往只能落荒而逃。

能抢到的，绝不自己做巢

贼鸥好吃懒做，喜欢不劳而获，它们从不自己垒窝筑巢，它们要做的就是在别的鸟类辛辛苦苦找到材料、建好新巢时，凭借强壮的躯体，坚硬的喙，霸道地将其他鸟类从新家赶跑，然后自己心安理得地住了进去。

偷蛋高手：在偷蛋时贼鸥会团体作战

贼鸥主要猎食鱼和磷虾，不过在企鹅孵卵的季节，它们更加热衷于偷蛋。

贼鸥体型远远小于企鹅，可是拥有绝对体型优势的企鹅，在流氓贼鸥面前，也不能很好地保护子女。

贼鸥在偷蛋时会团体协作作战。贼鸥们会派出一名先锋官，吸引守卫企鹅的注意力，待将它们引走后，其他贼鸥则一哄而上，兵分几路，一路负责吸引企鹅的主力，另一路贼鸥则趁机制造混乱，在企鹅群陷入混乱之际，贼鸥则轻松地叼蛋飞走。还有那些刚孵化出来的企鹅幼仔，贼鸥同样不会放过，只要看准机会，一个俯冲，连啄带抓，只需几下，小企鹅就动弹不得了。为了躲避贼鸥对小企鹅的攻击，帝企鹅甚至形成了在南极过冬并繁殖的习惯，因为这个时期贼鸥会因为寒冷而离开。

本性太懒：宁可吃粪便

到了食物短缺的季节，贼鸥依旧死性不改，饥饿的贼鸥们宁可食用各种动物的尸体和粪便，以及那些海边漂浮的各种塑料垃圾、人类食物残渣，也不愿意好好地出去捕猎或者寻找食物。总想不劳而获，结果做了大自然的清洁工。

随着极地自然环境的变迁，各种物种生存条件都变得恶劣，但由于贼鸥的生存模式非常强悍，使它们始终保持着可观的数量。物竞天择，靠投机取巧而活的贼鸥反而活得有滋有味。

❧ 经过科学家最新的研究发现，南极贼鸥虽然在远离人类的南极乔治岛生活，自20世纪50年代起就鲜有人过去，它们却能在和人接触四五次后就能认识该人，这让人十分惊讶，说明它们有很高的认知能力，但是人们还不清楚其中的原因。

❧ 贼鸥的种种性格，深受许多欧洲人的喜爱，在1940年，英国海军航空兵有一种名为"贼鸥"式的战略轰炸机。"贼鸥"式装备了可收放的起落架以及全封闭座舱，在当时来说是非常先进的设计。

❧ [贼鸥邮票]
这是一套新西兰（库克群岛）发行的鸟类邮票中的一枚。

北极燕鸥
飞/行/冠/军

北极燕鸥是一种体型中等的海鸟，也是一种候鸟，它们在南北极间迁徙，创下了迁徙距离世界最长的纪录。

❧ [北极燕鸥]

北极燕鸥是燕鸥属的一种海鸟，其头顶有块"黑罩"，其他部位以灰色和白色为主，翅膀呈淡灰色。其体长约36厘米，翼展长76~85厘米，体重100克左右，主要栖息于海洋边的沼泽、海岸等地带，繁殖时会栖息于岛屿或沙石地上。

世界上最远距离的迁徙

南极与北极之间的距离，不用多说，大家也该知道那是多么遥远，但是北极燕鸥却能来回往返。

当北半球夏季到来的时候，正是北极极昼时，北极燕鸥会在北极圈内繁衍后代。当北极极昼结束黑夜降临，北极燕鸥就开始带领它们的后代飞往冰天雪地的南极洲，在这儿享受南半球的夏季和极昼。直到南半球的冬季来临，它们才再次北飞，回到北极。北极燕鸥每年在南北极之间往返，全部行程达40 000多千米，这是已知的动物中迁徙路线最长的。北极燕鸥一直忙碌着迁徙，只为

了寻找太阳，躲避黑夜的来临，所以它们又被称为"白昼鸟"。

集体防御

北极燕鸥通常都是群体活动，它们有着争强好斗的性格，在与同伴的争斗中从不手软，因此它们的内部经常争吵不休，甚至大打出手。但是一旦有外敌来袭，它们就会搁置内部矛盾，一致对外。

北极燕鸥的群体经常聚成几万只之多，它们会联合起来集体防御敌人。比如在有貂或狐狸偷袭它们的蛋和幼鸟时，只要有任何一只北极燕鸥发现都会发出警报的叫声，随之会有成千上万只北极燕鸥俯冲而下，目标直指偷袭者，面对如此庞大的战斗群，一般来犯者都不会有好的结果，甚至连北极熊这样的北极霸主遇到这样的阵势，也只能仓皇退去。

叼鱼作为"定情物"

在发情期间，雄北极燕鸥会在口里

叼上鱼作为"定情物"，在雌北极燕鸥面前飞来飞去，展示自身的强壮，直到雌北极燕鸥被完全吸引，雄北极燕鸥才会把这来之不易的礼物送给对方，之后它们便会大部分时间一起生活和繁殖下一代。

雄北极燕鸥负责捕食

雌、雄北极燕鸥会共同抚养下一代。雌北极燕鸥负责日夜不停地孵卵和之后雏鸟孵化后的照料，而雄北极燕鸥则需要出去捕食，此时的雄北极燕鸥需要承担整个家庭的食物供应，为了给它的配偶和孩子准备食物，它不停地往返于捕食的场所和繁殖地之间。

一般情况下，雌北极燕鸥会产下三枚卵，一只雄北极燕鸥如果在其配偶的产卵期间能够提供充足的食物，那么三枚卵都会被孵化出来。如果食物不足，可能孵化出两枚卵或者一枚。简单地说，就是雄北极燕鸥的捕食能力决定了最后它会有几个孩子，如果雄北极燕鸥的捕食能力不行，就算卵被孵化，小雏鸟也会因为食物不足而夭折。许多结合在一起的北极燕鸥，在求偶的早期就又分开了，可能是因为雌鸟认为雄鸟的能力弱，不合格的雄鸟被"悔婚"了。它们的社会就是这么现实，没有能力的雄北极燕鸥，连"老婆孩子"都养不起，有的干脆就打"光棍"，甚至结合后还会因为能力弱而"离婚"！

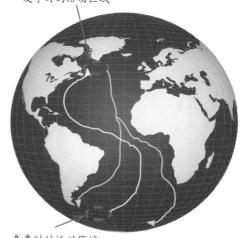

夏季时的活动区域

冬季时的活动区域

❀ [北极燕鸥的迁徙路线]

科学家们使用 GPS 设备追踪了北极燕鸥的整个迁徙路线，图中黄线代表北极燕鸥从北极到南极的路线，而粉色线则代表它们的回程路线。值得注意的是，北极燕鸥的返回路线不是直线，而是呈 S 型，这与南北半球盛行的风向一致，虽然绕远，但借助风向的"东风"，它们可以节省体力。

❀ [北极燕鸥]

❀ 1970 年，有人捉到了一只腿上套环的北极燕鸥，结果发现那个环是 1936 年套上去的。也就是说，这只北极燕鸥至少已经活了34 年。

漂泊信天翁

拥 / 有 / 最 / 长 / 翅 / 膀 / 的 / 鸟

漂泊信天翁是现存鸟类中翼展最大的，它们的平均翼展可达 3.1 米，最长可达 3.7 米，由于强大的飞行能力，它们的足迹遍布整个南冰洋地区。

泊信天翁生活在南冰洋地区，拥有鸟类中最长的翼展，其出没范围很广阔，几乎在整个南冰洋都有其踪迹，其名字也由此而来。

最忠贞的鸟类

漂泊信天翁奉行一夫一妻制度，4 岁后会准确地飞向自己的出生地，开始寻找配偶，一般要考察一两年，双方才会认定这门"婚事"。一旦步入婚姻殿堂，它们就会对彼此忠贞。找到配偶后，它们会共同生活，共同哺育下一代，直到死亡才能使它们分开。漂泊信天翁每 2 年产下一枚约 10 厘米长的蛋。孵化要 78 天，幼鸟要看护 20 天，还要定期喂食，雌雄双方会共同承担养育后代的责任，一直要到幼鸟长到父母 2/3 大时才结束。如果接连几年繁殖失败，漂泊信天翁夫妻会出现非常罕见的"离婚"现象。

最会使用风的鸟类

漂泊信天翁拥有一个长长的喙，在上面有两个鼻孔，不要小瞧了这对鼻孔，通过它们管道内部的神经，漂泊信天翁可以灵敏地察觉气压和风向的变化，从而让大脑及时调整飞行姿态。

❖ [烟斗]

以前水手们经常捕捉信天翁，用它们翅膀上的长骨头来做烟斗的管。

❖ [被苏格兰人认为是信天翁的火柴]

苏格兰渔民至今不愿意使用天鹅牌的火柴，因为火柴盒上的鸟图案很像一只信天翁。因为有一种广泛的迷信说法 信天翁是航海遇难水手的灵魂。

※ [漂泊信天翁]

漂泊信天翁在飞翔时并不需要思考复杂的空气动力学，巨大的翼展赋予了漂泊信天翁良好的滑翔能力，它们可以在空中停留几个小时而不用挥动翅膀。它们的身体仿佛一架"全自动滑翔机"，可以省心地进入"巡航模式"，让本能自如地控制身体的一切运动。它们喜欢顺风滑翔，因为这样最省力。

科学家进行研究后发现，漂泊信天翁这种滑翔姿态，平均代谢率只有基础代谢率的 1.4 ～ 2 倍，也就意味着，它们花费了非常少的消耗就完成了飞翔的动作。

海上流浪者

漂泊信天翁生命中的大部分时间都花在飞行觅食上，如果不是为了繁殖下一代，漂泊信天翁完全不需要陆地。

它们主要吃以乌贼为主的头足类，以及一些鱼类和甲壳类动物，取食的水层很浅，可以从空中直接用嘴抓取猎物。漂泊信天翁是如何定位猎物的呢？

研究发现，漂泊信天翁的猎物近一半都是靠它敏锐的嗅觉发现的，毕竟茫茫大洋上直接看到猎物不易，由于气味是顺风扩散的，漂泊信天翁会侧迎着风，在海上往复飞行，搜寻和接近嗅到的猎物。如果发现某处猎物特别丰富时，漂泊信天翁便会降落在水面游泳觅食。

信天翁会"感冒"

漂泊信天翁身体所需要的所有的水都来自猎物，它们基本不需要饮用淡水。

漂泊信天翁捕食的都是常年生长在

海洋中的生物，不可避免地也会顺带着摄入这些生物中所含的盐，盐摄入多了对身体肯定会有伤害。很多动物摄入盐多了后，眼屎会变多，只有通过多喝水将其与尿液一起排出体外。

那么漂泊信天翁是如何排出体内多余的盐呢？漂泊信天翁和许多海鸟一样，头部都有开口于鼻腔的盐腺，而漂泊信天翁的盐腺比一半鸟类的要大很多。它们会从鼻孔排出体内的盐，这些盐会掺和着鼻涕一样的液体，顺着喙流到喙尖，看起来就像是感冒流鼻涕了。

长寿却导致了危机

漂泊信天翁在自然界中几乎没有天敌，它们的寿命可达 60 年，这在鸟类中是非常少见的。它们虽然长寿，但繁殖后代的速度却非常缓慢。漂泊信天翁在 6 ～ 7 岁时便成年，但是它们通常要到 11 岁以上才开始繁殖。

本来这种寿命与繁殖不会导致物种危机，但是人类捕杀金枪鱼时使用了大量带有诱饵的钩子与绳索，使漂泊信天翁成了间接受害者，据调查，每年有大量的漂泊信天翁死于用于诱饵钩子的绳索上。

❧ [漂泊信天翁]
漂泊信天翁拥有鸟类中最长的翼展，图中这只漂泊信天翁就有 3.1 米的翼展长度。

❧ 早期来到南冰洋的探险家们常常为他们在孤独中和信天翁结下的友谊而喝彩，在柯勒律治的《古舟子咏》中讲述了用十字弓射下好运之鸟信天翁的恶人的命运。

北极白鹤

优/雅/曼/妙/的/舞/姿

北极白鹤是当今最大的鸟种之一，身长1米以上，翼展长2米，体重达7～8千克。它们广泛分布在西伯利亚从草原到冻土带的旷野上。

北极白鹤又名西伯利亚鹤，体型巨大，比丹顶鹤略小，站立时通体白色，只有胸和前额呈现鲜红色，嘴和脚是暗红色，伸展翅膀时在翅尖处会有少许黑色，颜色非常漂亮。

北极白鹤主要以草根、草茎和野果为食，与鸽子一样，它也会吃些小石子，可以帮助磨碎粗糙的根茎性食物。

北极白鹤和其他很多鸟类一样有迁徙的习惯，秋季会迁来我国南方越冬，春天又开始飞回西伯利亚过夏天。

华丽曼妙的舞姿

北极白鹤生活在森林冻土带和冻土带处，群居的北极白鹤在开始筑巢之前，好像是担心动土会影响到邻居的安宁，它们会用跳舞的方式来搞好邻里之间的关系。它们通常五六只一起跳，一只跟着一只环绕而行，脚步忽快忽慢，时而停止，时而快步，时而身体呈现彬彬有礼的下蹲状，时而张开翅膀，互相致意，又时而一起鞠躬，舞姿极为华丽曼妙。

❄ [北极白鹤]

❋ [北极白鹤及雏鸟]

北极白鹤雏鸟的身体浑身长满绒毛，几个小时后，雏鸟便能够觅食了。如果此时雏鸟遇到危险，北极白鹤还会利用沼泽地的淡褐色将雏鸟掩护起来。

到了秋天，雏鸟会长到成年的体型，但全身的羽毛还是灰色，它们要继续长大，直到来年春天，它们的羽毛才会变成纯白色。

北极白鹤现存数量极少，可能还不到 1000 只，早在 20 世纪时，各国就开始了保护性拯救。国际贸易公约也全面禁止白鹤及其相关产品的贸易，同时也展开了人工繁殖的试验，希望这种美丽的生物会有逐渐增多的未来。

舞毕才小心翼翼地找来各种建造材料开始动工。

繁殖后代的谨慎

北极白鹤一旦到了繁殖期，它们就开始变得谨慎。只要它们稍稍感到危险，就会悄悄离巢远去。在孵卵季节，雄鸟会一直守卫在巢穴旁，直到雏鸟破壳而出的那一天。如果此时遇到危险，雄鸟便会向来犯者发起攻击。

❋ 北极白鹤在迁徙中途的停息站和越冬地常集成数十只，甚至上百只的大群。

❋ [北极白鹤——绘画作品]

柳雷鸟

自 / 带 / "隐 / 身 / 特 / 效" / 的 / 鸟

柳雷鸟是松鸡家族中的一种中等体型的鸟，生活在北极附近的冻原和多岩石的草甸地带，非常耐寒。

柳雷鸟体长 36 ~ 45 厘米，雄鸟体长和体重均大于雌鸟，是一种寒带鸟类。成年雄鸟羽色华丽，前额黑色，耳畔羽毛黑色并呈现蓝绿色金属光泽，脖颈下方有一个白色颈环。

适应寒冷环境的应对策略

柳雷鸟由于长期在冰雪中生活，形成了一系列适应冻原环境的特性，例如腿上的毛厚而长，一直覆盖到脚趾；脚趾周围有很多长毛，这样既保暖又便于在积雪上行走而不至于下陷；鼻孔外披覆羽毛，可抵挡北极的风暴，也有利于向雪下啄取食物。柳雷鸟嘴粗壮而短，善挖食雪下的根茎，几乎完全吃植物性食物，很少吃昆虫。

自带"隐身特效"的鸟

柳雷鸟自我保护的方法就是换装。

冬天时，它们会换上一身与冰雪完全一致的洁白的羽毛，一旦发现天敌，它们就静卧在雪地上一动不动，与背景融为一团，达到"隐身"的效果，从而躲避天敌的目光。

❊ [柳雷鸟]

柳雷鸟四季换羽，雄鸟在婚后和冬季之前，夏羽和冬羽完全更换新羽，而春羽和秋羽只是局部替换。雌鸟每年 3 次换羽，婚前不换羽。

冬去春来，雪开始融化，露出了大地本来的颜色，柳雷鸟开始换上新装，它们会换上接近土地的黑褐或棕黄色的外衣，使得猎食者无法准确地发现自己，这就是柳雷鸟自我保护的办法。

到了交配期，雄鸟还有换"婚羽"的习性，用华丽的羽饰来博得雌鸟的青睐。

岩雷鸟

喜/欢/着/陆/的/鸟

岩雷鸟和柳雷鸟一样都是松鸡家族中的中等体型的鸟，体长 36 ～ 40 厘米，喜欢在地面上活动，冬季晚上栖息于雪穴之中，大多数时间喜欢三五成群地一起活动，在秋季有时会聚集上百只一起生活。

❧ [岩雷鸟]

岩雷鸟的羽色与柳雷鸟很相近，也是四季变化，只是夏季的羽色比柳雷鸟浅淡一些，呈皮黄灰色；冬季时，从嘴角到眼睛后面有一条宽的黑纹。岩雷鸟嘴粗壮而短，爪的前端带黑色，善挖食雪下根茎，几乎完全吃植物性食物。

岩雷鸟除了长相和柳雷鸟相似，其他生活习性也基本相同。它们同样栖息于北极冻原带、冻原灌丛森林、多岩石的草甸地带。它们还栖息于高山针叶林、高山和亚高山草甸等高山地带，冬季常向气候较暖的地区迁徙。

岩雷鸟的繁殖期为 6—8 月，雄鸟到达繁殖地后先分割领地，并在自己领地内不停地飞翔和鸣叫，同时眼睛上面的肉冠膨大，变为血红色。如果有其他雄鸟入侵领地，它就会竖起肉冠，敞开尾羽，将其赶走。

当雌鸟被吸引到领地内时，它会弓着颈部，翘着尾羽，半张着双翅，头部向雌鸟伸出求爱。雌鸟如果同意，就会低头，微张着双翅，身体向下倾斜。雄鸟就会跳到雌鸟背上，咬住它后颈的羽毛进行交尾。每只雄鸟可与 2 ～ 3 只雌鸟交尾。交尾完后，雌鸟就独自离去，在雄鸟的领地内筑巢，然后产卵，每窝 6 ～ 13 枚，要孵化 24 ～ 26 天。雏鸟孵化后会被转移到潮湿温暖的山坡地带。

大海雀

北/极/长/得/像/企/鹅/的/鸟

大海雀是已经在地球上绝迹的鸟，也是北半球最后一种不会飞的鸟，曾成群地繁殖于北大西洋沿岸的岩石岛屿，向南远到美国佛罗里达州、西班牙和意大利均曾发现其化石。

大海雀全身以白黑两色为主，体长75 ~ 80厘米，体重5千克，其外形看起来和南极的企鹅有点相似。

北极有种长得像企鹅的鸟

早在500多年前，欧洲的早期航海家们在北极附近的一些岛屿上，发现了两只肤色黑白相间的大鸟，它们长着不会飞的翅膀，他们称这种动物为Penguin（企鹅），后来，航海家们又在南极看到了"他们熟悉的北极动物"，他们以为这是两种相同的鸟类，只是分布在地球的两端。其实这两种鸟根本没有任何关系。

就在人们欢呼着在南极发现大鸟的时候，北极的这种鸟类却已经灭绝。

后来南极的这种大鸟被称为企鹅，而北极的这种大鸟则被简单地称为大海雀。

大海雀灭绝简史

在斯堪的纳维亚半岛和北美东部地区，宰杀大海雀的记录可追溯至旧石器时代。

❧ [**大海雀雕像**]

如今世界上仅有75块大海雀皮毛和75枚大海雀蛋存放在各地的博物馆中，另有上千根大海雀的骨骼存世，但仅有寥寥数具完整骨架。

🐦 **[大海雀]**

大海雀看起来像企鹅，但实际上和企鹅一点关系也没有，反而与海鸦、刀嘴海雀，甚至北极海鹦存在血缘关系，它们才是大海雀的近亲。

🐦 在纽芬兰岛一处公元前 2000 年墓穴的陪葬品中，曾发现一件由 200 只大海雀皮毛制作成的衣服。

🐦 19 世纪 80 年代，小说家查尔斯·金斯莱在经典儿童作品《水孩子》中，以讽刺的手笔刻画了一个站在"孤独石"边的大海雀形象。大海雀成了一种神秘的生物，但后世的人们再也无法目睹它的风采了。

公元 5 世纪，加拿大的拉布拉多地区就有宰杀大海雀的记录。

500 年前，纽芬兰外海的一些平坦岛屿上曾生活着数以百万计的大海雀。不会飞的大海雀成了大量漂泊到这个海域的水手们可以轻松抓捕的食物。

18 世纪开始，这些岛屿上有了欧洲人长期居住，这是导致大海雀被系统捕杀的真正缘由。欧洲人起初在这里捕杀大海雀只是为了填饱肚子，可是慢慢地转变成了商业利益，大海雀的皮毛被贩卖，捕杀范围被扩大。

到了 19 世纪，生活在纽芬兰外海群岛上的大海雀已经被赶尽杀绝了。但此时，大海雀并没有彻底灭绝，在冰岛西南的两座岛屿上还有大海雀的踪迹，当时在冰岛的民间传说中这两个岛很邪恶，所以让人们不敢涉足此地，无意中保护了大海雀。但是好景不长，1830 年 3 月，附近的一座海底火山突然爆发，大量大海雀葬送了性命，只有少部分大海雀逃到了艾尔帝避难。

大海雀越来越稀少，很多科学家和博物馆对此都出高价收购，这是导致大海雀最后灭绝的关键。到了 1900 年，这种海鸟的价格更是涨到了 350 英镑一只，按当时的价值来计算，这完全可以购买三四栋房子。

人类对大海雀的狂热在它们灭绝的那一刻达到了极致。

绒鸭 ﹥﹥﹥﹥﹥

与/敌/人/做/邻/居

绒鸭体大臃肥，看上去毛茸茸的，喜欢与天敌海鸥做邻居，虽然看上去笨笨的，但这却是其大智若愚的体现。

★ ·﹥﹥﹥﹥ ★

❀ [绒鸭]

绒鸭是一种大型的海鸭，全身覆盖着大量的羽毛，看起来圆滚滚、憨憨的样子，一生中除了繁殖后代的时候，都会在海洋中漂流，主要生活在北极地区的海岸和沿岸岛屿上。到了冬天就会稍微往南到法国、新英格兰和阿留申群岛过冬。

与天敌为邻：两害相较取其轻

每年夏末，北极地区的岛屿周围被海水环抱，北极狐等陆地动物很难涉足其中。绒鸭便开始在岛屿岸边的浮木、海草丛中或可以避风的岩石下筑巢繁殖。

而离它们不远的地方就是以绒鸭卵和幼雏为食的海鸥巢穴，原来绒鸭是在借助海鸥的力量，将其他更强大的敌人比如贼鸥、北极狐等赶走，海鸥在保护自身巢区的同时，也使绒鸭免遭侵害。

姥姥帮忙带孩子

绒鸭族群中有个非常有趣的现象：没有生蛋或是生蛋较少的绒鸭会帮助照顾其他绒鸭的鸟蛋或者幼鸟。动物学家经过对绒鸭的血液进行分析，发现绒鸭并不是在帮陌生绒鸭照顾幼鸟。换句话说，替"他人"养孩子，也并不是抚养了陌生的雏鸭，而是在抚养自己的外甥

❀ [邮票上的绒鸭]

女、外孙女或者曾外孙女。事实上，相比于没有血缘关系的邻居，雌鸭也更愿意将自己的蛋丢在近亲的巢里。

较老的雌鸭下的蛋较少，因此它们有时间帮助亲戚去抚养下一代。而年轻的雌鸭由于下的蛋过多，自己照顾不过来，因此就将一些后代托付给了这些亲戚。绒鸭这种一个家族几代之间相互合作的关系，是非常合理的存在。

绒鸭的绒毛价值不菲

几个世纪以来，绒鸭毛一直受到维京人、俄罗斯沙皇的青睐，在中世纪甚至可以用于抵交税金。可见，绒鸭的绒毛价值不菲。

每当到了绒鸭繁殖的季节，大批绒鸭回到冰岛周边的岛屿上产卵，为了获得绒鸭的绒毛，地处北极圈的冰岛人便会为绒鸭提供庇护，赶走它们的天敌，目的是回收绒鸭用来铺垫巢穴的绒毛，用来填充枕头、被子或防寒衣服等。

在繁殖季节，绒鸭会用绒毛做窝，然后再用绒毛将卵保护起来，在接下来的28天里，它会不吃不动地一直趴在蛋上，直到雏鸟孵出。绒鸭的幼鸟是离巢鸟，才破壳而出几小时之后，它们就能和妈妈一起到海边散步了。此时冰岛人就会用干草将窝里面的绒毛悄悄地换走。

这是一种人类和绒鸭非常和谐的相处模式，人类保护绒鸭在繁殖期间免受攻击，而绒鸭则奉献了自己的绒毛，由于冰岛人的庇护，来此产卵的绒鸭越来越多，绒鸭的数量得到了很好的保护，同时也为冰岛人提供了一笔不小的收入。

南极鹱

南/极/数/量/最/多/的/鸟/类/之/一

南极鹱是一种海洋性鸟类，喜欢生活在冰块附近的露天水域，特别是在有冰山的地区，广泛分布于南极洲地区。

南极鹱是南极洲数量最多的鸟类之一，属于鹱科的分纲，这种鸟是一种体型像海鸥的鸟类，体长 40 ～ 60 厘米，体重 510 ～ 765 克，翼展长 1 ～ 1.1 米，黑白图案的特点非常明显。它们会在沿岸峭壁的凸起边筑巢，有的会深入内陆 250 千米远繁殖，主要以磷虾、鱿鱼等为食。

适合低空飞行的外形

南极鹱的上嘴结构特别，由管状鼻子构成，嘴端呈钩状，鼻孔在嘴的上方成两个管口。南极鹱通常喜欢低空飞行，身体在飞行时甚至触及水面。

南极鹱的腹部覆盖白毛，头部和喉部颜色较深，翅膀及背部的颜色有深有浅，并在尾翅和翅膀部分有白色。

觅食

南极鹱平时喜欢在冰块附近的露天水域，特别是在有冰山的地区寻找食物。有时喜欢集成大群在冰山上落脚休息。

冬天来临时，有些南极鹱会飞到南极

❈ [南极鹱]

带以外海域，但它们更喜欢在有浮冰的低纬度开阔海域摄食，并喜欢与其他鸟类结伴飞行，还会跟随鲸群伺机捕食被鲸群驱赶的鱼虾。

巨鹱

臭 / 鸟

巨鹱是一种鹱属鸟类，体型巨大，飞行时有些驼背，在陆地上行走灵活，主要生活在南部海洋及南极洲地区。

巨鹱形似海鸥和南极鹱，但体型要大很多，其身长可达95厘米左右，翼展长度超过2米，是鹱科中体型最大者。巨鹱嘴尖略呈钩状，趾间有蹼，鼻孔像一条管子，所以又被人们称为管鼻鹱。和其他的鹱科鸟类不同的是巨鹱体有恶臭。

巨鹱为杂食性动物，以各类活的和死的动物为食，如吃死海豹、死鲸……

它们在南极洲海岸和海岛上繁殖，冬季在海洋中越冬。

巨鹱也和其他鹱科鸟类一样经常贴近大海，逐浪飞行，拣食腐肉。正因为如此，巨鹱的嗅觉能力惊人，不论是大拖网渔船，还是小钓渔船，都会很快把它们从几千米外吸引过来，它们会跟在船后捕食死鱼和人们抛弃的食物残渣。

❈ [巨鹱]

南极鸬鹚

蓝/眼/贵/族

鸬鹚在我国是非常普通的水鸟，但在南极，这种水鸟则相当具有"明星气质"。因为它们拥有高贵的蓝色眼睛，它们主要分布在南极半岛以及亚南极岛屿附近。

南极鸬鹚是鸬鹚科蓝眼鸬鹚属的鸟类。身高 60 ~ 88 厘米，鸟体具有光泽的黑羽毛，白色的胸、腹和脖子，黑眼睛周围是一圈裸露的蓝皮，拥有明亮的柑橘色鼻肉冠及略带粉红色的腿和脚。

南极鸬鹚的飞行和潜水能力都很强，除迁徙期外，一般不离开水域。潜水后羽毛湿透，需要将翅膀晒干后才能飞翔。

南极鸬鹚通常栖息在企鹅巢区边缘，喜食鱼类和甲壳类动物。在捕猎时，将脑袋扎在水里，偷偷靠近猎物，然后突然伸长脖子用嘴发出致命一击。南极鸬鹚在南极的夏季繁殖，大多在南极半岛和亚南极的岛屿上筑巢生蛋，一次可产 3 枚白色或淡蓝色的蛋，并可同时抚育 3 只幼鸟。幼鸟全身无羽毛，这在南冰洋活动的海鸟中非常罕见。双亲都参与抚育幼鸟工作，幼鸟一般两个月左右即可随父母下海游泳、捕食。

❈ 在昏暗的水下，鸬鹚一般看不清猎物，它们借助敏锐的听觉捕捉猎物。

❈ [南极鸬鹚]

蓝眼鸬鹚属有 3 个品种：南极鸬鹚、蓝眼鸬鹚和南乔治亚鸬鹚，前两者有醒目的柑橘色鼻肉冠，区别在于脸部白色的多少，南极鸬鹚的脸部白色部分比蓝眼鸬鹚要多。

❈ [鸬鹚]

鸬鹚是大型的食鱼游禽，善于潜水，我国的鸬鹚常被人驯化用以捕鱼，在其喉部系绳，捕到鱼后使其强行吐出。

白鞘嘴鸥

南/极/洲/的/垃/圾/清/道/夫

白鞘嘴鸥通体白色，身长约40厘米，翼展长约80厘米，主要分布在南极洲和亚南极群岛，是南极洲唯一的陆生鸟。

❧ [白鞘嘴鸥]
白鞘嘴鸥常常潜伏在企鹅巢穴不远处，伺机偷取企鹅喂食宝宝的食物或者干脆偷取企鹅的蛋和雏鸟作为食物。

白鞘嘴鸥的体型比较像鸽子，它们的爪间没有蹼，不能在水中游泳和潜水。它们的嘴上有着黑绿色的尖端，就像扣了一个锅盖。面部有粉色皮瘤，显得很滑稽，但是它们身披厚密的白色羽毛，体态结实，腿爪粗壮有力，行动敏捷，胆大无畏，非常适应南极寒冷的气候和严酷的环境。

白鞘嘴鸥不能下水，只能在陆地上找寻食物。在饮食上它们毫不挑剔，只要是体积适合吞咽的任何东西，像海藻碎屑、鸟蛋碎片或者是生物腐烂的尸体，海豹的鼻涕和粪便，甚至连南极考察站渗漏的机油和废弃的小电池等有害垃圾，它们都敢下嘴。

所以它们又被称为南极洲"无恶不作"的终极垃圾清道夫。

❧ [邮票上的白鞘嘴鸥]

❧ 白鞘嘴鸥以海藻、苔藓和动物碎骨等为材料，在靠近企鹅巢区的岩缝或岩石下筑巢，以躲避恶劣天气和贼鸥掠食。

Chapter 4

极地昆虫

Polar Insects

极地冰虫

冻/不/死/的/生/物

极地冰虫生活在终年积雪的冰川地带，被称为地球上唯一冻不死的生物，具有科学家理想中的外星生命的特质。

极地冰虫属于环节动物门，蛭纲，寡毛目，颤蚓亚目，线蚓科。身长不到 5 厘米。

冰雪、冰川中的庞大生物群

极地冰虫个头非常小，在雪地里就像一丝细细的小黑线一样，喜欢群居，通常会成团出现在冰川中。极地冰虫的数量极其庞大，2002 年，科学家对怀特河冰川进行了一次抽样统计，发现极地冰虫的密度达到了每平方米 2600 条，这就意味着在总面积 2.7 平方千米的怀特河冰川上，有超过 70 亿条极地冰虫。

小小的极地冰虫身上的谜题很多，比如，它们是如何在冰块中不被冻死的？极地冰虫被困在冰块中时吃什么？它们是如何在冰块中畅行无阻的？

冻不死的冰虫

在极地恶劣的环境中，北极熊靠身披厚厚的皮毛储存能量，南极鳕鱼靠身体血液内的防冻剂在南极生存。浑身赤

❀ [极地冰虫与 1 元硬币对比]
在雪地里就像一丝细细的小黑线。

裸、微小的极地冰虫不光不怕寒冷，还很享受地在极寒下生存，那么它们是靠什么来抵御寒冷的呢？

科学家们发现，极地冰虫的三磷酸腺苷浓度非常高，腺苷酸水含量高可以增加分子的碰撞，防止酶动力的降低。这或许就是极地冰虫抵御寒冷的机制。这也是人类研究御寒技术的突破口。

极地冰虫不怕冷，但是抵御高温的能力极度缺乏，只要温度高于 4℃，极地冰虫的细胞膜就会溶化，细胞内的酶也化成干草状的黏稠物。极地冰虫就会像冰一样热化。所以，极地冰虫一般过着"昼伏夜出"的生活，它们害怕阳光，一般在下午 3 点以后才会出现，寒冷的晚上是它们到冰川表层活动的高峰期，到了早晨就潜入几米深的冰层中躲起来。

靠什么维持生命

极地冰川中的生物稀少或者说几乎没有，那么极地冰虫在冰川中又是靠什么来维持生命的呢？

科学家们发现，极地冰虫的消耗量极小，一般是依靠冰层里的海藻、花粉或其他可消化的残渣维生。极地冰虫的细胞能够在低温下保持正常新陈代谢，细胞膜保持固有的弹性。如果能够将极地冰虫新陈代谢的秘密揭开，或许能够帮助医生使用药物更长久地保存器官。

在冰川中畅行无阻

在南北极中不怕冷的生物有很多，

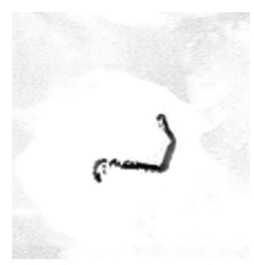

❀ [极地冰虫特写]

❀ [极地冰虫的发现者：卡洛·埃默里]

极地冰虫第一次被科学界关注始于1894年，科学家卡洛·埃默里（Carlo Emery）第二次到阿拉斯加的圣伊莱亚斯山的马拉斯宾纳冰川考察时，收集了一些像黑线一样的小虫子，这才引起人们的注意。

经过4年的研究后，埃默里确认了这些小虫子为新物种，并将其命名为极地冰虫。

而被困于冰块中还能自由行走的就只有极地冰虫这种生物了。

极地冰虫是如何实现在固体冰块中穿行的呢？有的科学家认为可能是冰中有缝隙，它们可以顺着缝隙运动；有人则猜测极地冰虫能破冰而行；一些生物学家猜想，极地冰虫体内可能含有化冰物质，只要它们运动到哪里，周围的冰块就会被融化。这种猜测都不是足够合理的、令人可以信服的解释。

最像外星生物的地球生物

极地冰虫是地球上唯一冻不死的生物，由于极其罕见的耐寒体质，它们被认为是最像外星生物的地球生物。从2005年开始，美国国家航空航天局就开始对极地冰虫进行研究，科学家认为极地冰虫这种罕见的耐寒体质证明在外星球上也可能存在像极地冰虫一样的耐寒生物。

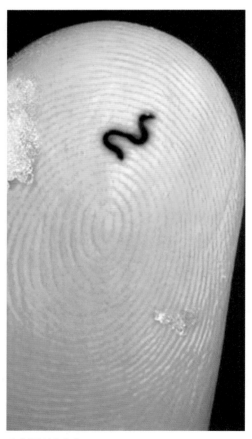

❦ [极地冰虫]

灯蛾毛虫
死/而/复/生/的/虫/子

在两极地区，极寒温度下生存的各种生物都会有自己独特的躲避严寒的办法，灯蛾毛虫则是掌握了死而复生的生命密码。

✻ [灯蛾毛虫]

灯蛾毛虫身上经常会被寄生蝇的幼虫寄生，为此它们会经常吃一些爆玉米花和其他有毒的植物来进行自我治疗，这类植物会提供吡咯里西啶类生物碱，这类生物碱可以让它们的存活率增加20%，灯蛾毛虫生了病也知道吃药。

灯蛾毛虫堪称地球上最极端的耐寒动物之一，它们能在零下70℃的低温状态下冬眠，即使整个身体都处在结冰状态，仍能存活下来。

在北极最冷的天气到来的时候，灯蛾毛虫没有耐寒的羽毛，也没长出可以迁徙的腿脚，它们只能一点点被冻僵，血液被冻住了，心跳也停止了，它们成了冰的一部分。这种状态不同于动物的冬眠，因为它们是真的被冻成冰了。直到第二年，天气转暖，温暖开始上升，被冰冻的灯蛾毛虫开始化冻，它们居然复活了。它们复活后的第一件事就是找到绿叶拼命吃，因为它们需要在下一个冬季来临前吸取更多的养分，为再次被冻住做好准备。就这样年复一年，经过14次冰冻和融化过程后，它们就可以吐丝了，它们会吐丝把自己包裹在茧里，等待着生命的蜕变。

灯蛾毛虫蜕变成飞蛾后的生命只有短短的几天，它们要在几天的生命中完成繁衍的任务，然后静静地等待死亡。这是多么伟大的力量！它们需要通过14年的死而复生来完成生命的繁衍。

北极跳虫

雪/域/跳/蚤

跳虫形如跳蚤，弹跳灵活，主要生活在温带地区，但是在北极也发现了它的身影。

北极跳虫身体为深灰色，体长在1～2厘米，在北极的严酷环境下，居然也生活得很好。

跳虫一度被认为只存在于温带地区，然而在北极地区也常有发现，让人好奇的是，它们是如何在北极生存而不被冻死的？

经过科学家研究后发现，这种严寒地带的跳虫，身体含有两种十分特别的抗冻蛋白，形成了亲水和疏水两种结构。这两种结构既想将水分子紧紧拥抱，又想将水分子远远推开，使得跳虫身体内的水分即使在低温环境中仍然活动频繁，而不会冻结。有了这样的结构，跳虫便能在寒冷的极地生活。

❋ [北极跳虫]

北极跳虫生活在土壤中，而且数量众多，被许多科学家用来做"小白鼠"监测土壤质量。甚至在进行检测时，科学家们发现，只有跳虫能够在各种污染的土壤中显示出毒理效应。

❋ 适合跳虫的生存环境非常多，从温带的阔叶林，到含有丰富养分的寒带冻土，它们以腐烂物质和菌类为食，通常取食孢子和发芽的种子。

❋ 跳虫善于跳跃，甚至可以漂浮在水面上，并且弹跳自如。如果它们要做短距离的"旅行"，则依靠自身的爬行或跳跃，如果想要"长途旅行"，则会搭乘风力、雨水或其他动物的"顺风车"。

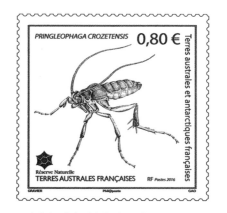

❋ [北极跳虫雕刻版邮票]

无翅南极蝇

南/极/大/陆/最/大/的/陆/地/生/物

无翅南极蝇也叫螨，它主要分布于南极半岛两侧南纬64°—65°30′之间的狭窄地带，靠食苔藓、地衣及其他碎屑生活。

❧ [无翅南极蝇]

❧ 蝇字从虫从黾，"黾"为"吃食少而繁殖多"的意思，"蝇"本义是"吃食少繁殖多的虫子"。

无翅南极蝇体长仅2.5～3毫米，它们能忍受较低温的环境。多见于岩石下，少见于岩石表面，它们主要与苔藓生活在一起，有些则可以藻类为食，能在冻沙中生活，是南极大陆最大的陆地生物。

北极牛蝇

可/怕/的/寄/生/昆/虫

北极的牛蝇是一种可怕的寄生昆虫，常年寄生在驯鹿的身体之上。

★ ❦ ★

北极的牛蝇会将卵产在北极驯鹿的绒毛里，而幼虫则会钻进驯鹿体内，顺着血管在驯鹿全身活动，直到最后会钻到驯鹿的脊骨附近居住，并且在驯鹿的皮肤上开一个很小的天窗，以便呼吸新鲜空气，直到长成之后钻出驯鹿体外，再进行新一轮的繁衍。

牛蝇却从不攻击小驯鹿

北极牛蝇如果把卵产在小驯鹿身上那会容易很多，但是它们并不会这么做，因为它们懂得如果这样，会导致驯鹿群的锐减甚至灭种，到那时北极牛蝇自身也就难以生存下去了。

寄生却不害生

北极牛蝇在每群驯鹿中产的卵的数量有一定的限制，它们会根据驯鹿群的数量，按一定比例来产卵，也很少在一头驯鹿身上产下过多的卵，原因大概就是为了保护宿主，不想宿主因为被过多地寄生，导致身体虚弱而被天敌吃掉或死亡，因为这样的结果就等于是北极牛蝇和宿主同归于尽了。

❧ [北极牛蝇]

北极动物都有很厚的皮毛，北极牛蝇吸食动物血液的能力很强，可以刺穿很厚的动物皮毛，然后吸到它们的血液。

由此可见，北极牛蝇虽然是很可怕的寄生昆虫，但是它们还是有点良心的寄生者，至少它们懂得维护宿主的健康。

北极黑蝇

北/极/最/可/怕/的/昆/虫

北极最可怕的昆虫要数北极黑蝇，这是一种让人类都心惊胆战的极地昆虫。

❈ [北极黑蝇]

❈ [小型气体分析仪]

苍蝇的"鼻子"就像嗅觉感受器，分布在它们头部的一对触角上。每个"鼻子"只有一个"鼻孔"与外界相通，内含上百个嗅觉神经细胞。若有气味进入"鼻孔"，这些神经细胞立即把气味刺激转变成神经电脉冲，送往大脑。大脑根据不同气味物质所产生的神经电脉冲的不同，就可区别出不同气味的物质。因此，苍蝇的触角像是一台灵敏的气体分析仪。

仿生学家由此得到启发，根据苍蝇嗅觉器官的结构和功能，仿制成一种十分奇特的小型气体分析仪。

北极黑蝇成虫形，似蝇但是比蝇小，一般为深褐色或黑色，它们的嗅觉非常灵敏，尤其对人的气味非常的敏感，在很远的地方就能闻到。一旦它们发现有人，便会立刻成群结队地飞来。

它们会嗡嗡地咆哮着，在你身边来回转圈，使人心惊肉跳，不管你穿多厚的衣服也没有用。它们会一直在你身边来回飞来飞去，只要看准位置，就举着钢针般的嘴扎向目标，它们的嘴连人脚上的老皮也能叮透，在吸血的同时还释放毒液。只要被北极黑蝇叮咬过后，一定会肿胀、疼痛难忍，有些还会溃烂，严重者可能会发生过敏性休克。

要论可怕程度，北极黑蝇要远比北极牛蝇可怕太多了。

❈ 墨西哥的一座原始森林中有一个奇怪的盲族，这个部落中的 300 多人全部都是瞎的。但他们的目盲并非与生俱来，而是因为当地有一种尾线虫子在作怪。这种尾线虫通过黑蝇叮咬人体后，进入血液中繁殖，而人眼是尾线虫集中繁殖的地方，使他们的视觉神经受到损害而造成了失明。

北极蚊子

流/动/的/乌/云

北极蚊子是一种具有刺吸式口器的纤小飞虫，通常雌性以血液作为食物，而雄性则吸食植物的汁液。

◆ ❀❀❀❀❀❀ ◆

北极蚊子的平均寿命不长，雄性为10～20天，雌性能活得稍微久一点。它们只在夏天出来活动，常常聚成大群，像一片流动的乌云，轰然而至，轮番叮咬，若无严密保护，往往能置人于死地。

北极地区天气严寒，能够生存下来的北极蚊子拥有比普通蚊子更大的体型，也拥有对食物更强的渴望。这无疑为北极的人、驯鹿和其他动物制造了许多痛苦。尤其在如今，北极的温度有上升的趋势，据研究预测，若北极的温度上升2℃，幼蚊存活至成年的概率就会增加53%。与热带蚊子不同，北极的蚊子不会传播人类疾病。在北极地区，蚊子可为植物授粉，充当鸟类和其他昆虫的食物，蚊子的变化将为驯鹿带来麻烦，影响北极的生态。

❀ 在北极，蚊子通常会成群出现，有北极考察人员在工作时，曾一天遭到100多只蚊子的攻击。

❀ 蚊子的繁殖能力依赖于成年雌蚊发现血液吮吸，在北极地区，因为生育时期限制了驯鹿的逃跑能力，这为雌蚊提供了更多的血液，导致它们繁殖得越来越多。

❀ [北极蚊子]

❀ [北极蚊子]

在北极并没有多少动物供北极蚊子享用，所以当它们发现目标时就会变得异常凶猛残酷，并且不会停止叮咬，会一直在身后追赶。

Chapter 5
极地植物

Polar Plants

南极发草

开 / 花 / 植 / 物

南极发草是一种分布于南极及南美洲的禾本科植物，能开出小穗状花序。

❋ [南极发草]

南极洲几乎与其他大陆隔离，加上气候严寒、干燥、风大、日照少、营养缺乏、生长季节短暂等因素，严重限制了陆地植物的生长，但是却无法阻碍生命的蔓延。

南极发草和中国的小麦、大稻和狗尾草等常见植物属于同一家族，它们都

❋ 澳大利亚科学家在南极发草中发现了"抗冻基因"，这种基因可以使发草在零下30℃的低温环境中生存，可以防止植物体内的水分结冰。如果用这种基因改进农作物，可以有效增强农作物的耐寒能力。

Polar Plants

[法属南极领地 1992 年植物漆姑草雕刻版邮票]
南极有 100 多种绿色植物，但是绝大部分是苔藓，种子植物只有两种：禾本科的南极发草和石竹科的南极漆姑草。

属于禾本科植物。

南极发草的体形低矮，密密麻麻的小茎秆从植株的中心出发，向四周呈放射状铺散，外形好似人们杂乱的头发，由此得名"发草"。

南极发草分布在南极的岩石石缝和碎石滩的薄土上，由于南极的薄土分布较为零碎而且总体面积较小，因此南极发草虽然分布广泛，但并不丰富。

南极发草是多年生植物，在冬季，积雪把南极发草掩埋，南极发草的叶片也随之脱落，停止生长。到了夏天，积雪融化后，南极发草会在往年的茎秆上或者植株中心发出新芽，开始新一年的生长，而且生长速度快得惊人。它们从 12 月中旬开始返青，3 月中旬种子成熟且植株进入休眠期，短短 90 天内就迅速完成生长、开花、繁殖下一代的艰巨任务。

[南极发草邮票]

❊ 南极发草在南美洲的南部也有分布，如智利的蓬塔，它与南极洲相距 1000 多千米，据推测，这里的南极发草种子可能是由风或鸟类的粪便传播过来的。

极地罂粟

美 / 丽 / 的 / 花 / 朵

极地罂粟生活在北极海拔 700 ~ 750 米高的冰碛砾石的土壤上，能够开花，是一种美丽而珍稀的花卉品种。

❧ [极地罂粟]

极地罂粟和罂粟同属一科，从外形上看两者非常相似，罂粟可以提炼毒品，被严格禁止种植，而极地罂粟则是一种观赏花卉。

❧ 维吉尔称罂粟为"催眠药"。
5000 多年前的苏美尔人曾虔诚地把罂粟称为"快乐植物"，认为是神灵的赐予。在古埃及，罂粟被称之为"神花"。

极地罂粟是罂粟科的植物，也就是我们所熟知的罂粟的一种。罂粟常见于欧亚大陆、非洲及北美洲的温带区域，不过极地罂粟却是生长在北极海拔 700 ~ 750 米高的冰碛砾石的土壤、陡峭的山坡及河流冲积裸露植被的地方。

罂粟属的花朵有两个花萼，4 个花瓣或重瓣，可以是红色、粉红色、橙色、黄色或紫色。不同种类的罂粟能开出不同颜色的花，极地罂粟开出的是黄色的花朵。

极地罂粟花中雌蕊周围有几环雄蕊。柱头在蒴果之上，子房会发育成为开裂的蒴果，干了的柱头会盖在其上。子房内有大量细小的种子，并会以孔裂方式来散播种子。

罂粟花本身没有任何香味，所以本不具备媚惑人心的特质。当人们发现罂粟除了可以治疗疾病，同时也可以让人迷失在幻想中，于是人类的贪婪战胜了理性，罂粟成了万恶的毒品之源、魔鬼之花。

北极羊胡子草

极 / 地 / 里 / 的 / 棉 / 花

北极羊胡子草是一种苔草属植物，大多生长在寒温带、高山和北半球的北极地区。稍耐阴、耐寒、耐旱、耐贫瘠。

北 极羊胡子草又被称为北极棉、北极棉草，看上去像绒毛一样雪白，类似棉花。北极羊胡子草是一种多年生草本植物，丛生或近于散生，具根状茎，有时兼具匍匐根状茎，仅于近茎基部具叶，叶鲜绿，有两性花极。北极羊胡子草高为40厘米左右，最大的特点是种子成熟后，分裂出状如棉絮的白色细丝，可以随风飞散，以利于传播种子。

因纽特人会在北极羊胡子草成熟季收集其棉絮状的细丝，用来填充枕头、被子或者御寒的服装。

❀ [北极羊胡子草]
北极羊胡子草在因纽特语中的意思是牵引雪鹅和驯鹿的食物。因纽特人用它的种子头做油灯的灯芯。搜集的棉草被放入婴儿的裤子中作为保暖之用。

❀ 北极羊胡子草的根可用于治疗黄水疮。

簇绒虎耳草

北 / 极 / 植 / 被

簇绒虎耳草是一种北极地区常见的植物。一旦到了夏季，簇绒虎耳草便郁郁葱葱，花团锦簇地装点着北极的苔原。

❧ [簇绒虎耳草]

簇绒虎耳草矮小纤细的花茎上，布满了白色、粉色及紫色的小花。一朵朵小花使得北极单调的苔原生动起来。

纯净而寒冷的北极并非寸毛不生，一旦到了夏季，随着天气回暖，丰富的苔原植物便开始茂盛起来。

簇绒虎耳草分布于北极的暗礁与砾石区域，丛生在枯叶或苔藓草甸中，从阿尔卑斯山的南部山区到挪威、冰岛、西伯利亚和阿拉斯加都有分布。簇绒虎耳草主根粗壮浓密，其植株高度不超过5厘米，匍匐于地面，茎秆紧贴地面，叶子有 3 ～ 5 个裂片，细小的鳞片状叶片对生，这些特征在虎耳草属中是不多见的。花的颜色有白色、粉色及紫色等。花瓣长度是花萼的 2 倍。在一些植物样本中，发现簇绒虎耳草有更短的茎和更小的植株，开出的花为淡黄色或淡绿色。

北极柳

超 / 小 / 版 / 的 / 柳 / 树

北极柳又称北极沙柳，是一种微小的杨柳科植物，生长于海拔 2004 ～ 2800 米高的高山冻原和北极冻土苔原，是一种耐高寒植物。

北极柳是杨柳科柳属的植物，是生长在世界最北端的木本植物，可以在北极零下 21℃至零下 6℃的环境中很好地生存，是一种耐高寒植物。

人们印象中的柳树都是有着粗壮的主干，垂落长长的柳条。而北极柳只有 2 ～ 3 厘米高，看到它的外形，会让人以为是一种草，但它却是一种灌木，而且能够开花，这种身形能极好地适应北极和亚北极地区的恶劣环境。

❧ [北极柳]

北极柳非常适应高寒环境，在我国新疆（阿尔泰山区）、欧洲、俄罗斯远东地区，海拔 2000 ～ 2800 米的高山冻原均有分布。

仙女木

极/地/仙/女/花

仙女木为蔷薇科仙女木属的植物，是一种匍匐在裸岩上的低矮灌木，簇生在环北极的每座高山上。

仙女木是一种寒带灌木或低矮植物，生长于海拔 2100 ～ 2300 米的地区，一般生长在高山地带。

美丽的仙女木

仙女木的名字也许源自它的花朵，其花朵由八片莹白色宽且薄的花瓣组成，花瓣拱卫着中间淡黄色的花蕊，组成一个圆圆的花盘，被同样分成八瓣的花托托举着。叶子都趴卧在地面上，形状为椭圆形的，呈暗绿色，边缘有钝钝的齿。

在北极贫瘠的土地上，仙女木的白色花衬托出仙女气质。到了仙女木飘洒种子的时候更为优雅，每一粒种子搭乘着轻柔的白色翎毛随风远播，在那些寒冷的地方发芽、生长、绽放。

新仙女木事件

在科幻电影《后天》里有个让人震撼的场面：地球在几天内迅速降温并被冰封。

而现实中地球还真有类似《后天》中的经历，历史上一共发生过三次，最

❀ [仙女木]
仙女木是冰岛国花。

近的一次是距今 12 460 年的时候，地球开始疯狂降温，这次降温持续了近千年，直到距今 11 500 年，气温才开始回升。

人们把这次持续了近千年的"降温事件"称为"新仙女木事件"。地质学家在这个时期的地层中发现了仙女木化石。如此小小的植物，生命力是何等顽强，它用自己超强的适应能力记录着地球的变迁。

❀ 新仙女木期指的是 1.28 万 ～ 1.14 万年前的地质时期。其时间范围大概有 1300 年左右。这一时期北美的长毛猛犸象、剑齿虎、骆驼、树懒和美洲狮突然灭绝，克劳维斯人也突然消失。新仙女木期对欧洲和北美洲的影响较大，对亚洲影响较小，但随着人口增加，亚洲、欧洲腹地的人类外迁，促进了世界进步。

无茎蝇子草

最/爱/招/蜂/引/蝶/的/小/小/花

无茎蝇子草之所以取名"无茎"，是因为其茎枝埋藏在地表之下，其小小的身体却能开出比自己大几倍的花，并成簇出现在北极及高纬度地区。

★ ✦ ★

无茎蝇子草生活在北极及附近高纬度、寒冷的环境中，是一种低矮的地生植物。这些地方夏季短暂，为了能够快速授粉，无茎蝇子草会开出大于自己身体几倍的花朵，希望借此"招蜂引蝶"，完成繁衍大计。

无茎蝇子草的叶子呈椭圆形，成对非常小，来自植物根部，死亡的叶子可

✤ [无茎蝇子草]

无茎蝇子草的茎和叶有很强的黏性，可以有效阻止蚂蚁和甲虫爬上植物。

以支持数年。而它的花朵通常是粉红、紫红色的，很少会是白色，形状为星形，一般是 5 个花瓣，花有两性，雄花大于雌花，只有雄蕊有生殖能力。花朵与叶子明显有着几倍的比例，非常漂亮。

冰川毛茛

最 / 高 / 处 / 的 / 花

冰川毛茛适应了极地恶劣的气候，是北极寒冷地带的一种岩生显花植物。

❧ [冰川毛茛]

❧ [挪威邮票上的冰川毛茛]

冰川毛茛属于毛茛科，这是一类草本植物，分布广泛，有些有毒。我国拥有 78 种毛茛，多分布于西北和西南高山地区。

生长在寒冷地带的植物，无论是在高寒的山区，还是在冰雪交加的两极，它们都必须适应恶劣的气候。冰川毛茛就是这样一种植物。

冰川毛茛的花有白色、粉色和黄色等，并且长了许多绒毛，因为生长周期很短，所以它们会在天气变暖后拼命地完成发芽、开花、结果及成熟的整个过程，这是北极植物特有的"技能"。

冰川毛茛是世界上最高寒处的花朵之一，它们只有 6 ～ 12 厘米高，成簇的在岩石的夹缝中成长，人们可以在海拔 4300 米的高山上找到它们。这样矮小的身材，不仅可以使它们能尽量多地吸收地面反射的热量，而且还可以有效地抵御寒风的吹袭。冰川毛茛能在零下 5℃时依然生长开花，如果再冷下去，冰川毛茛就会和其他北极植物一样进入休眠期，等待新一季的到来。

四棱岩须

极 / 地 / 风 / 铃

四棱岩须又叫北极钟石楠、北极白石楠，是一种矮灌木，杜鹃花科岩须属，分布于北极圈、格陵兰等北极地区，是一种环北极地区的珍贵野生植物。

★ ❦ ★

四棱岩须是一种低矮灌木植物，高10～20厘米，枝条多而密，叶子四季常青，呈鳞片状，花朵有白色和粉红色，呈倒钟形，花茎和萼片是黄绿色，而花冠是黄白色。其花期为每年7月份，花朵为当地昆虫提供了丰富的食物。

四棱岩须多生长在植被丰富的背风山坡、苔原中，多与其他北极植物组成

❀ [四棱岩须]

四棱岩须树脂含量高，常被格陵兰岛的因纽特人用来做燃料，因为即便在潮湿的情况下，它们也能被轻松点燃。

丰富多样的植物群落。它们的树脂含量比较高，这或许就是它们用来抵御寒冷的法宝，厚厚的树脂能有效地保护植柱不被冻伤。

北极羽扇豆

极 / 地 / 鲁 / 冰 / 花

　　"啊……啊……夜夜想起妈妈的话，闪闪的泪珠，鲁冰花……"《鲁冰花》是人们耳熟能详的一首歌，鲁冰花的正式名称叫"羽扇豆"，是一种豆科植物，而北极也生长着这种羽扇豆。

❀ [北极羽扇豆]

歌曲《鲁冰花》虽然让人耳熟能详，但真正见过"鲁冰花"的人却并不算多。它既不是柔弱的小花，也不是"雪花"或"冰花"，而是一种名叫羽扇豆的豆科植物。

　　羽扇豆种类众多，适应性广泛，无论是亚热带还是北极地区，不管是干旱还是湿润，都能开枝散叶，生命力顽强，在许多国家登上了"入侵植物"名单。北极地区天气酷寒，北极羽扇豆可以利用短暂的夏季，开出细小的紫色花柱，借此吸引蜜蜂和蝴蝶帮助它们传播花粉，同时也点缀着北极苔原地带的雪峰。

❀ 羽扇豆被台湾人形象地称为"母亲花"，音译为"鲁冰花"。

❀ 要问谁是自然界中生命力最强的种子，北极羽扇豆的种子当仁不让。
1954 年 7 月，哈罗德·斯密特在加拿大育空米勒湾的冻土中找到了一些北极羽扇豆的种子。1966 年人们用这些种子育出了新芽，并以测量其放射性碳素含量的方法推算出它们的结实年代为公元前 8000 年，有的甚至是公元前 13 000 年。

熊果

熊 / 的 / 美 / 味

熊果又叫熊葡萄、熊莓、紫林，是杜鹃花科熊果属的一种植物，能够结出红色的浆果，是熊喜欢的食物，所以被叫做熊果。

果广泛分布于北美多岩石地的树林及北极圈内。

熊果株高 1.5 ~ 1.8 米，叶为绿色，通常在生长 1 ~ 3 年后才会掉落，早春开花，花为白色或粉红色，或花瓣尖端

> ❧ 熊果是一种很有观赏价值的常绿植物，可以作为观赏植物，也可以作为水土保持的植物，有防止水土流失的作用。

> ❧ 熊果的叶子含有丰富的单宁酸，在以前也被拿来鞣制皮革。

❧ [熊果]

为粉红色。经过 3 ~ 6 个月之后，结出红色的浆果。

熊果可以作为药用植物，它的叶子中含有熊果素，提纯之后形成一种温和

的利尿剂，可以用来治疗泌尿系统的疾病；另外，熊果素也可以减少皮肤黑色素的形成，具有美白的功效，因而被用于化妆品中。

丽石黄衣

绚/丽/的/地/衣

丽石黄衣为岩石穿上了绚丽的外衣，是北极最为广泛的一种地衣，经常生长在岩石表面，是当之无愧的耐寒、耐旱、耐贫瘠的物种。

丽石黄衣属石黄衣科，是北极地区分布最广的一种地衣。丽石黄衣体积很小，通常小于5厘米，叶片小于2毫米，贴伏于地面上。虽然将其描述为叶状的外观，但从外观看起来更像一个"壳"。这种地衣颜色非常艳丽，如果它生长在河流中，会呈现橙黄色外观；如果生活在巨石上，则表现为橙色；如果生活在干燥贫瘠的地表，则呈现出深橙红色的外观。科学家利用这种植物的生长年限，可以对冰川沉积物进行年代测量，这就是被广泛用于地震、地质、气候、考古、岩画等研究领域的"丽石黄衣测年法"。

❀ 地衣测年是20世纪50年代发明的一种测年技术，由奥地利学者贝克利（Beschel Re）首创。

❀ 地衣测年法常用的有黄绿地图衣和丽石黄衣两种。

❀ 丽石黄衣测年手段是一种误差范围很大的测年手段，不能被单独使用。

❀ [丽石黄衣]